U0040759

程天縱的31個見解，
引領你建立自己的人生思路，活出精采職涯

每個人都可以成功

創客創業導師
程天縱

不論你在哪個行業，都能實現自我！
每個人有不同的價值觀和目標，
但只要能學會觀察、思考，並形成自己的獨特見解，
都能創造出屬於你的成功人生！

目錄

Part 1

見解：小自個人，大至社會的價值觀

Part 2
行動：深究工作及其他

推薦序

知其然，亦要知其所以然

何飛鵬／城邦媒體集團首席執行長

本書是程天縱先生的第四本著作，是和前三本風格不太一樣的商管書。天縱兄的前三本書，主題都圍繞著企業的經營管理，從主管的管理技巧、策略的規劃與制訂，到企業的使命、文化與價值觀，再談到產業發展，兼具理論與實務，有很高的可操作性。

而這本書最大的特色，在於其諸多篇章，可串聯起前三本書的文章，也就是說，看過新書的文章，再回頭重新閱讀前三本書，會讓讀者有豁然開朗、「知其然，亦知其所以然」之感。原因在於，新書的一個切入點著重在「作者」本身。我們常說「文如其人」，從文章的內容與風格，能反映出作者的為人與思想。

這本書的第一篇文章，天縱兄在與公子Jerry的對話中提到，他認為天底下沒有不可用的人，端看老闆或主管把他擺在什麼位置，提供他什麼資源，以幫助他成功。這個想法與他在前三本書中一再強調的「以人為本」一致。而「以人為本」則是受到惠普文化的長久薰陶，又與本書第二部分，天縱兄陪同普克德（Dave Packard）先生訪問中國的經歷互相呼應。

讀者在看過本書兩篇談「東西方文化差異」的文章後，也能再回頭閱讀天縱兄第二本書中「聯想併購IBM個人電腦部門」的文章，再看一次聯想在過程中所做的努力與準備。這兩篇文章也是天縱兄第二、第三本著作中，關於「企業文化」一系列文章的起點。

又如本書的第四篇〈形塑我思想理論體系的三位作家，和他們的書〉，提到「大歷史觀」是因為受到黃仁宇三本書的影響，讓我知道，原來天縱兄在第一本著作，以「大歷史觀」看企業經營的演變，從目標管理、全面品質管理（TQM），到關鍵績效指標（KPI）、價值鏈、平衡計分卡、企業再造等觀念，原來是植基於此。

而本書第二部分，有許多關於中國與印度產業發展的歷程，尤其是關於大陸的變化，令我對大陸當時的發展有了更深一層的認識，讀者可以搭配天縱兄第二本著作中，談華為如何打敗高通獲選5G編碼標準的文章一起看。

本書的重要性，就是讓讀者在看過前三本實作性的書之後，能更進一步了解作者在面對問題時，為什麼會那樣思考？而不是只看到作者用了哪些解決辦法。

大多數人遇到問題要尋求解決時，通常只問答案、問結果，而不重視思考過程，也不重視因果關係。但事件的因果關係，隱含了前提假設和邏輯推演，只有真正懂得道理，當事件再次發生，或者有類似情境，才有辦法順利解決，甚至舉一反三，觸類旁通。

一個人要學習成長，要能「經一事，長一智」，就必須徹底了解問題的因果關係，要學會思考分析。這樣才能將閱讀的內容轉化、活用，真正造成行為的改變，增強自己的能力。

如果你是天縱兄的老讀者，這本書一定不能錯過，它能幫助你更深入理解作者的為人與文章中的道理。如果你是第一次接觸到天縱兄的新讀者，我建議你可以從這一本開始閱讀，先了解作者的思考，再回頭看前三本著作，一定能更快融會貫通。

自序

如何讓我的文章真正「為你所用」？

網路時代訊息爆炸，連帶影響到傳統書本的銷售量，雖然也有數位版的電子書和線上通路可供選擇，但是出版業的現況仍然大不如前。

在企業經營管理類的書籍中，硬邦邦的理論書籍只能淪為教科書，而名人傳記和企業成功的範例仍然吸引人，即使在出版業逐漸衰退的情況下，還是能保持著不錯的銷路。但我卻觀察到，許多名人和企業在出版傳記、大談成功祕訣後，反而開始走下坡，進入衰退、失敗，甚至滅亡的命運。此外，讀者在閱讀過這些傳記後，鮮有能複製祕訣、進而得到成功的，使得這些傳記只能被當成「故事」來看待。

既然理論書籍很難應用在變化多端的實務上，而成功案例又只能當作故事看，那麼不論創業者或就業者，有志之士該如何學習，才能夠在職涯中少走許多冤枉路、提高成功機率，然後加速達到目標、成就自我呢？

經驗傳承

子曰：「吾十有五而志於學，三十而立，四十而不惑，五十而知天命，六十而耳順，七十而從心所欲，不逾矩。」

我的第一人生其實挺混的，仗著一點小聰明，臨時抱佛腳，聯考關關難過關關過。雖說中學大學都能進入不錯的學校，但是究竟為第二人生學到了什麼？想想心中還是有愧。一九七六年進入職場，開始第二人生，始終戰戰兢兢、如履薄冰。如今回想，三十而不立、四十仍有惑、五十不知天命，比起孔子差太多了，畢竟我還是凡人一個。

二〇一二年六月底，年滿六十，雖然仍然心中有惑、不知天命何在，卻改變了心境，有了悲天憫人的感慨。既然達到了「耳順」的境界，於是毅然決定退出職涯江湖，開始我的第三人生。我希望在之後的十年間，能補足所有的缺失，得以達到而立、不惑、知天命的境界，而在七十歲時能夠隨心所欲而不逾矩。

其實，如果以一生來看，聖賢與凡人的差別並不大，也不過就是生死之間，成就有大有小，達到的時間有早有晚。經過第二人生之後，人生成就大致底定、無法改變，這時就比較容易總結出個人的「而立、不惑、天命」。在退休後、無所求的情況下，「耳順、不逾矩」也就不難達到了。

因此，我的「而立」就是成為一個職場的專業經理人，我的「天命」就是分享、傳承我的管理經驗。循此而為，不偏不倚，自然能「耳順」而「不逾矩」。

我的「專業經理人」成就已定，但是「傳承」的天命成就仍可努力。於是我決定將我的理念和經驗寫成文章在臉書（Facebook）上發表，並且集結成冊出版，以利傳承與分享。

人與文

不管是周敦頤的「文以載道」、柳宗元的「文以明道」，或是歐陽修的「文道並重」，都認為文章只是傳達道統的工具。雖說這些大師的文章功力已非常人所及，但他們在闡述道統時，頂多以天地萬物為例，鮮少提及實務上的應用，對於喜歡速食文化的現代人來說，恐怕很難學習吸收。

所以，我的文章盡量以直白文字搭配實務經驗，來分享、傳承經營理念和管理經驗。這樣雖然十分容易閱讀和理解，但對於沒有經驗過工作場景的讀者而言，可能很難引起共鳴而產生切身的「感覺」，也比較不會有需要立即著手進行的急迫感。總是要等到碰上了、吃虧了、無助了，才能體會到我文章中傳達的經營理念和管理方法的價值和重要性。這也呼應了前述的道理：個人或企業的成功祕訣，是難以透過閱讀書籍而複製成功的。

因為道理一旦寫成文章，就成為「通用的知識」，不能再因應環境和讀者背景的不同而改變，也就是所謂「師父帶進門，修行在個人」的道理。如果想要「因材施教」、「因人而異」，提供客製化學習環境的話，通用的文章和書籍是沒辦法做到的。因此除了透過閱讀學習之外，還必須靠個人學習吸收的能力，才能真正應用在工作和生活的場景中。

台語俗話說：「一樣米養百樣人，一色人講百色話。」同樣的米可以養出千百萬不同的人，同樣背景的人可以說出千百萬不同的話。米和教育是一樣的，千變萬化的是人，以及人使用的話術。同樣的一篇文章或一本書，在不一樣的人閱讀之後，會產生不一樣的體會、不一樣的感覺，當然就會有不一樣的效果和結果。

那麼怎樣改變自己，才能夠使讀書發揮最大的效果呢？

思考模式

假設每個人的大腦都是一部機器設備，文章或書籍就是投入這部機器設備的「材料」。而每部設備的內部都有不同的「增值流程」，將原材料加工成「產品」，加入每個人的「思想體系」之中。

這個思想體系簡單地說，就是每個人的「三觀」：世界觀、人生觀、價值觀，也就是我們看待事物的立場與觀點。思想體系會驅動個人的行為，造就出每個人的一生。形成一個人的思想體系最重要的因素，就是大腦這部設備的「增值流程」，也就是「思考模式」。思考模式大致可以分為三種：

一、「認知思考」（Cognitive Thinking）；

二、「分歧思考」（Divergent Thinking）；

三、「收斂思考」（Convergent Thinking）。

認知思考可以幫助個人學習各種專業知識。分歧思考幫助個人產生創新、創意。而收斂思考則有助提升個人的判斷能力，產生立場與見解。

因此，當我們碰到問題時，認知思考可以幫助我們了解問題的專業知識與背景。接著運用分歧思考，產生解決問題的各種創新方法。最後運用收斂思考，來分析、比較各種解決方案的優劣，選擇最佳方案，形成決定。

閱讀方法

以上說得或許有點複雜，不過並不是這篇序文的重點，所以讀者們有空時再去網上搜尋學習就好。重點是，在閱讀文章時，不要僅單純地做文字和意象的交流，而是要運用讀者的三種思考模式，做好讀者與作者之間的「思想體系交流」。

要深入了解作者的思想體系，就必須對作者的經歷與思考模式有所理解，這樣才具備感覺交流和吸收的基礎，讀起文章和書籍來，才能得到最大的收穫。例如，當你不了解作者的專業背景和經歷時，就應該運用認知思考的能力，去學習和認識作者的專業領域，才能夠理解作者面臨的問題與處境。

對於作者提出的方法和採取的行動，不同專業領域和思想體系的讀者未必能夠理解和接受。這時讀者就需要運用自己的分歧思考能力，走出自己的固化框架，理解作者的創意和創新思維。

跨界才能夠創新。在理解作者的創意和創新做法之後，要運用收斂思考的能力，想辦法融入自己的思想體系。如此一來，作者文章中所要傳達的「道」，才能充分被讀者所吸收。

簡而言之，讀書之道，要從「人」到「文」：先了解作者，才能讀透文章。

知人識文

我的前三本書，以分享、傳承過去三十多年專業經理人經驗為目的，雖然文字力求淺顯易懂，搭配真實發生的實務和故事，俾便讀者輕鬆閱讀，但是仍然不脫工具書的框架。

在讀者回應的訊息中，有部分讀者表示部分文章內容艱深，自己程度不夠，所以無法理解。也有的讀者說，文章道理簡單，但是沒有切身感受，也沒有什麼必須去做的急迫性。前者大都是侷限於專業領域太窄，沒有涉足到文章所說的領域，又沒有運用自己的認知思考能力去學習這個新領域，因此覺得文章艱深、難以理解。後者則是侷限於職場經驗太少，所以文章容易懂，但是沒有辦法捕捉到作者的心境，因此沒有感覺。

同樣的情況，也發生在我輔導新創團隊的時候。當我提到新創公司最主要的目標是「賺第一桶金，以求生存」時，許多輔導的團隊都能夠理解，但是他們往往做不到，直到現金和資本出現問題後，才真正有了感覺。可惜大多數的團隊有感覺的時候都為時已晚。

唯有了解了作者的思想體系和專業經歷之後，才能夠讀透文章，書中的道理才能夠為我所用。

因此，編輯團隊特別以「見解」為主軸，從我先前的專欄文章中取出三十一篇，除了強調我對工作、生活、社會各方面的見解之外，也涵蓋了形塑、影響我見解的事物，讓讀者能夠一窺我的思路，同時也鼓勵讀者培養出屬於自己的見解。

「見解」就是以認知、分歧、收斂三種思考模式，從人生經歷中萃取出對於事物的看法和立場。對工作、生活、社會各方面的見解，就是一個人的思想體系，也就是俗稱的「三觀」：世界觀、人生觀、價值觀。

這本書分為兩部分，第一部分是「見解：小自個人，大至社會的價值觀」，第二部分則是「行動：深究工作及其他」。第一部分主要是分享我的「三觀」，第二部分介紹了我的經歷，讓讀者了解我的「三觀」是如何形成的。

這三十一篇文章的風格有別於前三本，因此在書名的設定、整體包裝以及後續的行銷規劃上，風格都與前面的作品有明顯的區隔。雖然風格不同，但是我認為，這本書的重要性可能還大於前三本，以及後續還要出版的一系列管理書籍。因為「讀書之道要從『人』到『文』」——要先了解作者，才能讀透他的文章。

Part 1

見解

小自個人，大至社會的價值觀

1 「成功」和「價值觀」衝突的時候，該如何選擇？

我在美國矽谷的大兒子Jerry，最近接到許多獵頭公司的電話和約談。昨天早上他跟我通了微信，說他才剛跟一家網路公司負責工程的副總裁吃了中飯，但是這位副總裁最後告訴他，他不適合這個工作。

他前些日子聽了我的建議，正在找工作領域和範圍（job scope）較大的工作機會。*這個公司提出的工作機會，是一個負責三十五人的軟體開發部門主管，對他來講，算是工作範圍的大幅提升，對他相當有吸引力。

*編注：請參閱《創客創業導師程天縱的經營學》中〈把你現在的工作做到極致〉一文。

在午餐結束的時候，副總裁卻很直接地告訴他，他不適合他們公司，也不能勝任這份工作。

帶領，還是割捨？

副總裁非常年輕，比Jerry還年輕。這家公司是這位副總裁的第二個工作，而他在這家公司裡被提拔得非常快。Jerry認為，他在一個關於輔導訓練（coaching）的問題上，回答得令這位副總裁不是很滿意，才讓後者認為他不適合這個職位。

這位副總裁強調，他們公司就像一個職業球隊，是一個團隊，而不是一個家庭，這就是他們主要的價值觀和文化，因此這家公司「請人和開除人都很快」。這家公司只僱用非常資深而且不需要老闆指導的員工，所以他們公司的主管完全不必對員工輔導訓練，員工必須自我學習。

我很好奇地問，對方到底提了什麼問題？他說，這位副總裁問的是：「部門裡有沒有績效比較差的員工？如果有，對於績效比較差的員工會怎麼處理？」他回答，的確曾經有位績效比較差的員工，表現低於平均值，於是當然給了這位員工諮詢（counseling）和輔導訓練。經過一段時間後，員工的績效果然提升了。他認為幫助員工提升績效，是身為研發主管的優點，沒想到反而成為副總裁認為他不適合的原因。

這家公司認為，績效差的員工就應該被開除，不應該由主管花時間來輔導他。對於這一點，他非常不能認同，但是這家公司卻是年營收達四百二十億美元、有兩千個員工的成功企業，雖然他們的價值觀和文化看似非常極端，但他們的確是成功的。

價值觀與取捨

對於面談後沒有得到這個新機會，他並不覺得遺憾，因為他並不認同這樣的價值觀和文化，但是他仍覺得這個公司的價值觀和文化非常有趣。事實上，現在矽谷有許多公司認為，這種公司文化跟過去的觀念有著革命性的差異，因而也開始爭相學習他們的方式。

在我加入惠普公司（Hewlett-Packard, HP）的那時候，惠普是一個以人為本的公司，主要使用目標管理（management by objectives, MBO），再輔以走動式管理（management by wandering around, MBWA）和門戶開放政策（open door policy）。這些管理方式的目的，都是盡量增加主管和員工接觸和互動的時間，讓主管協助員工成功完成他們的工作。

人很容易受到環境的影響，因此情緒總有不穩定的時候。而一個人的績效，也不可能長期保持最佳狀態，總會有高峰和低谷。在低潮的時候，就需要他的主管來協助和輔導，以便度過低谷、再登高峰。

在我的長期薰陶下，Jerry像我一樣，認為**天底下沒有不可用的人，端看你把他擺在什麼位置、提供什麼樣的資源給他，以便讓他成功**。

改變自己，還是換家公司？

Jerry認為這家公司的價值觀和文化非常奇特，不同於他的信念，但是從結果來看，這家公司非常成功。因而在成功和價值觀的取捨上，他顯得有些困惑。我告訴他兩件事情：

一、**成功的公司非常多，各有他們成功的方式和各自的價值觀**，未必是我們能夠接受的。幸運的是，我們有選擇的權利，不必扭曲自己的價值觀去為五斗米折腰。這世界上還有許多符合我們價值觀的好公司，這才是我們欣賞而願意加入的。

二、這件事情他今天未必能體會到：那就是有統計顯示，大企業的高層主管離開公司最大的原因，並不是薪資低，也不是價值觀不符合，而是喪失了自主權（autonomy）。

奇異（General Electric, GE）前董事長傑克・威爾許（Jack Welch）在他的《jack：20世紀最佳經理人，第一次發言》（*Jack: Straight from the Gut*）一書中提到：

企業的員工分成四種，完成任務並且認同企業價值觀的人得到提升；任務失敗但是認同企業價值觀的人會得到第二次機會；既失敗又不認同企業價值觀的人，很容易處理；最難的是如何對付那些圓滿完成任務卻不認同企業價值觀的人，我們努力說服他們、與他們搏鬥、為他們而痛苦。

換句話說，**不認同企業價值觀的人，就算能力再強也遲早會離開**。只要認清這一點，就沒有什麼好困惑的了。

2

不管世界公不公平，命運都可以自己改變

有次聚會，朋友問我，「你相不相信命運？看你這輩子的職業生涯非常成功，命運應該不錯吧？」我回答說，我從來不算命，但是我相信命運，也不相信命運。怎麼說呢？

我這個人從小運氣就不是很好。例如各種場合摸彩抽獎，從來不會抽到我。只要我一疏忽，一個不留神，工作或生活中就會出錯。

我父母是虔誠的佛教徒，從小到大，經常到廟裡拜拜。偶爾我會在廟裡順便抽個籤，每次抽到的都是下下籤，屢試不爽。記得一九七八年第一次去日本，我還特地抽空到一個日本廟裡去拜佛，順便抽個籤，抽的還是下下籤。

我認識的朋友當中，就有運氣特別好，命也不錯的。一出生就含著金湯匙，每次摸彩抽獎

總有他們的份。因此，我相信人確實有命有運。但是，我就這樣子認命嗎？

《了凡四訓》的故事

《了凡四訓》裡的第一篇，就是「立命之學」。《了凡四訓》這本書是明朝袁了凡先生所寫的家訓，用於教戒他的兒子袁儼（原名天啟），要他認識命運的真相，明辨善惡的標準、改過遷善的方法，以及行善積德、謙虛種種的效應，並且以他自己改變命運的經驗來「現身說法」。

袁了凡童年的時候，父親就已經去世。母親要他放棄學業，不要去考功名，改學醫。後來他在慈雲寺，碰到了一位姓孔、來自雲南的老人，這位老人得到了宋朝邵康節先生精通的「皇極數」真傳，因而精通命數的道理。

於是，袁了凡就請孔老先生替他推算推算。沒想到孔老先生所算的結果，在袁了凡的仕途過程中一一應驗，因此他就更相信，一個人的進退、功名浮沉，都是命中註定，而走運是遲或早，也都有一定的時候。因為孔老先生算準他五十三歲時壽終正寢，無子絕後，所以他看淡一切，不去強求。

直到袁了凡去棲霞山拜見一位得道高僧雲谷禪師，得到開示，才知道命運可以束縛凡人，但是拘束不了大善和大惡之人。因此他開始積極行善改命，後來在明朝隆慶四年中了舉人、萬曆十四年中進士；歷任寶坻縣令、兵部職方司主事、軍前參贊、督兵等職，享壽七十四歲，明熹宗追贈「尚寶司少卿」銜，並有一子，取名天啟。

「人定勝天」的道理何在？

我自忖凡人一個，沒有袁了凡那種毅力，自然也成不了大善人。那又該怎麼辦？在我加入惠普台灣之後，大約三十歲左右，我領悟到一個道理。

一般人每天做的事情和做的決定，有不重要的，也有重要的，大致符合八〇／二〇定律，對於比較重要的事情和決定，我們都會仔細思考計劃，然後去執行，而這些經過仔細思考計劃的部分，出錯的機會並不大。

所謂意外，一般多發生在我們認為不重要、漫不經心、沒有仔細去思考、沒有注意的時候。當然，意外有好的也有壞的，這個時候，運氣的成分就特別大。

雖然說人未必能夠勝天，但是在仔細思考計劃並且執行之下，天的影響就不大了。「人定勝天」這句話的道理就在這裡。我們做任何事情，自己不去思考計劃和執行的話，我們就是把自己交在命運的手裡。當我們自己不去掌控的時候，命運就會接手掌控我們。

「反八〇／二〇定律」

一般人每天做的事情，不重要或重要，不掌控或掌控，大致符合八〇／二〇定律。既然我的經驗告訴我，我的命和運並不是那麼的好，那麼我就反過來，變成按照「二〇／八〇」的分配來行事。對於工作和生活中的許多細節和瑣碎小事，我都盡量花時間想一想，分析一下，計劃一下，才決定怎麼做。

我在香港住過兩年，經常在電視上和報紙上看到高空墜物砸傷人或砸死人的新聞，所以我養成了在任何戶外場合都盡量走在騎樓下的習慣。

我的祕書和助理都說我有一雙銳利的眼睛，任何文件和文檔，在我眼前一瞄，我就可以很快抓到錯誤的地方。我對於很多活動細節的安排和要求，甚至於達到龜毛的地步。這些習慣都大幅減少了我在工作上出錯的機會，因此我的屬下都一致認為我非常仔細，要求也很高。剛開始這麼做的時候，確實非常辛苦。我花的時間比別人多，收到的批評也比別人多。但是一旦養成習慣以後，也就沒那麼吃力了。

公平，也不公平的世界

經過我的這番反向思考和做法，我又得到了另外一個結論：這個世界是很公平的，也是很不公平的。

公平的是，再怎麼有錢、再怎麼有權勢的人，也跟平常人一樣，一天只有二十四小時，一個禮拜只有七天。一樣會生氣，一樣會生病，當大限到的時候，一樣會回去。

不公平的地方是，在這世界上，好的事情很少發生。一旦發生的時候，如果不抓住機會，稍縱即逝；但壞的事情倒是經常發生，一旦發生的時候，不管你怎麼逃避、裝作看不見，它不僅不會稍縱即逝，反而會一輩子跟著你，而且問題只會越來越大。

這就讓我養成了另外一個習慣：我不會期待好事發生在我身上，好事要靠我自己努力去爭取，才會發生。反過來，我隨時準備著迎接壞事或問題的發生。當壞事或問題發生的時候，我會盡快面對它、解決它。

我相信命運的存在，可是又不願意接受它的影響。我相信這個世界是公平的，也是不公平的。所以我經常要做最壞的打算。說了這麼多，你說我是命好？還是運好？

3 人生的輸贏，在於自我的價值與實現

人生走過了大半輩子，如果說有所感悟的話，我最大的心得是，「這個世界是平衡的」。就好像物理學所說的「能量守恆」定律，*人的一生也是守恆的，當你得到了一些，一定也失去了一些。重點是，**得到和失去的各是什麼？**因此，道家說陰陽、儒家談中庸，老子無為而治，都是強調這個平衡的道理：人的悲喜苦樂都來自「得到」與「失去」。

＊編注：「能量守恆定律」的意思是，在一個封閉、獨立的系統之內，能量的總額會保持不變。能量可能從某種形式轉變成另一種形式——例如從電能轉為動能，但能量不會無中生有，也不會被消滅。

誰是贏家？誰是輸家？

人們經常喜歡把人分為人生的勝利組和魯蛇組（loser，即輸家），在當下或許可以判斷是勝利或失敗、贏家或輸家，但是幾年以後回頭來看，可能又是完全不同的結論。

就以我們台灣所謂的三四年級生作例子：當時大學畢業成績優秀的人，都紛紛申請到美國名校的獎學金，然後去美國攻讀碩士和博士。這些優秀的同學，在當時都被歸類為人生的勝利組。為了培養自己的小孩到美國繼續進修求取功名，他們的父母都在當時艱困的經濟條件下，有的借錢，有的賣房，然後兌換成美金，供自己的小孩到美國去念書。

而像我屬於後段班的學生，家境又不富裕，只能選擇留在台灣打拚，找個好工作，從基層幹起。但誰能料到，一九九〇年代我在惠普幸運地晉升為中國總裁，加入德州儀器（Texas Instruments, TI）以後，擔任亞洲區總裁，職位相當於全球副總裁。在惠普和德州儀器美國總部，都碰到了許多和我同年代的當年的「人生勝利組」。他們在美國取得博士學位以後，也加入惠普和德州儀器總部，在研究開發部門從工程師做起，當時也都做到了部門的主管，但是和我的職位相比，仍然有些差距。後來，有些人在美國退休以後，想要回到台灣，卻無法在台北市買到一個像樣的公寓，因為台北的房地產價格實在太高了。這個時候，再回頭想想，當年的這些勝利組，似乎也算不得什麼勝利？

我們這些留在台灣打拚的後段班，有的運氣好，可以進入當時人人稱羨的外商公司服務，薪水比台灣公司高，又有出國培訓的福利，誰能不說我們是勝利組？當時進不了外商公司服務的，有的選擇自行創業，有的選擇到台灣公司服務。如今，外商公司收入和從前差不了多少，反而是台灣公司紛紛上市，許多人都是身居高位、股票滿手、媒體報導、人人稱羨的企業家。這個時候再回頭想想，當年的勝利組，似乎也算不得勝利？

人生經歷不能只看當下

我在外商惠普公司服務，一路順風順水，不斷得到晉升的機會，甚至外派香港、美國歷練，然後擔任中國惠普總裁。當時，許多人說我是人生的勝利組。和我同時期進入台灣惠普的許多優秀同事，晉升上沒有我幸運，他們選擇離開了惠普，有的自行創業，有的選擇加入了迪吉多（Digital Equipment Corporation）、微軟（Microsoft）、思科（Cisco）、蘋果（Apple）等其他大型外商企業。自行創業的，如今不少都是上市公司的大老闆，選擇加入其他外商公司的，由於這些通信或軟體等公司後來有段爆發性成長，給員工的股票數量遠高於穩定的惠普，因此很多都在五十歲左右就退休，輕鬆從事一些個人投資的工作。這個時候再回頭想想，當年的勝利組，似乎也算不得勝利？

看了上面幾個有趣的前後對照，照這麼說，難道年輕人就不必奮鬥了？反正得到什麼，一定也會失去一些什麼，不是嗎？**如果只用金錢和權力來衡量人生的成敗，就會覺得困惑。**

有時候，敢輸才是贏

但我認為，除了可見的金錢、權力之外，人生中還有很多更重要但卻無形的面向，尤其是自我實現。人生的成功與失敗，不是可以簡單地用金錢和權力來衡量的。每個人的內心還有許多自己所珍視的，比金錢和權力重要，而且絕非金錢可以換來的東西。

人生真正的贏家是搞清楚自己的價值觀，並且懂得取捨的人。在自己珍視的必須要贏（得到），在該放開的地方要主動去輸（失去）。不管是創業或就業、有錢或沒錢，人生追求的就是自我價值的實現，只有自我價值的實現，才能為你帶來幸福和快樂。

我走過四十年的職涯，才領悟到一件事：「**人生真正的贏家，是先懂得要輸什麼的人。**」

4 形塑我思想理論體系的三位作家，和他們的書

二〇一六年一月三十日，我在臉書（Facebook）上推薦了我喜歡的一些美國經營管理大師和他們所寫的書，* 今天，我就從我喜歡的兩位華人作家談起。

馮馮

馮馮是作家、翻譯家、畫家、紙藝家、作曲家，本名張志雄，後改名馮培德，字士雄，自

* 編注：讀者可參閱：http://bit.ly/2VH515o，或掃描：

稱馮馮，人稱馮馮居士。父親為烏克蘭軍官，母親則是廣西壯族人，一九三五年出生於廣州市，童年生涯顛沛流離，一切憑著自力更生在香港與台灣兩地成長，兼信佛教和天主教。二〇〇七年在台北因胰腺癌去世。

在一九六四年以小說《微曦》四部曲轟動一時，並榮獲第一屆全國十大傑出青年獎。皇冠出版創辦人平鑫濤推崇馮馮為「天才、奇才、鬼才」。馮馮一生神祕而傳奇，連最早出版他作品的平鑫濤都只知他叫「馮馮」，不知全名叫馮士雄。

一九六四年，我小學六年級，《微曦》四部曲是我最喜歡而且讀了一遍又一遍的小說。每次重新閱讀都沉浸在故事情節裡，書中的歷史背景和主角的境遇令我心情激動，淚濕眼眶。

這套書就是馮馮的自傳，從他出生到一九六四年所經過的顛沛流離故事。書中所敘述的歷史背景包含了國共戰爭、國民黨播遷來台、一九五〇年代台灣經濟疲軟、台北窮困生活的真實景象。

由於我出生在台北西門町的婦幼醫院，自小在西門町長大，小學念的是西門國小，所以書中的場景，像是新公園的博物館、西門町街頭、紅樓、淡水河的水門、艋舺等等地方，都是我兒時的回憶，因此我特別有感觸，每個章節都令我幼小的心靈悸動不已。

這套書就是大歷史中的小片段，標題依序名為《寒夜》《鬱雲》《狂飆》《微曦》，從冰冷流動到躁進平和的四部曲。小說長度約百萬字，是我花了很長時間一再閱讀的長篇。

黃仁宇

黃仁宇一九一八年生於湖南長沙，二〇〇〇年一月八日病逝於紐約上州的醫院中，享壽八十二歲。他是美籍華人，但曾於第二次世界大戰和國共內戰期間的國軍擔任軍官。後赴美求學，獲取密西根大學（University of Michigan）歷史博士學位，以歷史學家、中國歷史明史專家，「大歷史觀」（macro-history）的倡導者之名而為世人所知。著有《萬曆十五年》《中國大歷史》《赫遜河畔談中國歷史》等暢銷書。

黃仁宇提出「歷史上長期合理性」（long-term rationality of history）、「數字上管理」（mathematically manageable）等概念，強調技術，以實證主義從技術角度談論歷史，避免產生基於意識型態的爭執。這種觀念被稱為「大歷史觀」，與英美常用的微觀剖析歷史方法不同，強調不透過對歷史人物生涯探究和單一歷史事件分析來研究歷史，而是透過對當時歷史社會整體面貌分析進行歷史研究，以掌握歷史社會結構的特點。

自從一九六四年小學六年級時讀了《微曦》四部曲之後，引起了我對於歷史人物傳記小說的興趣。在這些小說裡，可以感覺到歷史的片段，宛如用放大鏡在檢驗過去的時空，也彷彿穿越劇裡的情節，可以沉浸於歷史的時光裡。

等到一九九〇年，我讀到了黃仁宇一九八九年出版的《赫遜河畔談中國歷史》這本書，才了解到「大歷史觀」的理論，於是又仔細研讀了黃仁宇的成名之作——一九八二年出版的《萬曆十五年》和一九八八年出版的《中國大歷史》。

《萬曆十五年》這本書融會了他數十年人生經歷與治學體會，首次用「大歷史觀」分析明代社會之癥結，觀察現代中國之來路，給人啟發良多。英文原本推出後，被美國多所大學採用為教科書，並兩次獲得美國書卷獎歷史類好書的提名。

至於《中國大歷史》是黃仁宇體現其「大歷史觀」的一部專著，它旁引了不少研究內容，分析中國歷朝發展的問題，從歐洲的歷史，以至經濟學都有利用。此書內容和背後的理念，跟傳統的中國史家很不同：傳統的中國史家都傾向於斷代史研究，但黃仁宇卻是以勘破時代與時代間相互關係，剖析中國歷朝社會體制的演變。

此書的特點如下：

一、以「大歷史觀」研究中國歷史：黃仁宇在書中前頁開宗明義地引言，指出這是按著現代經濟學中「總體經濟學」的概念，把歷史分為「大歷史」部分，專門勘破各時代間的相互關係。

二、不以歷史人物善惡做評論：黃仁宇認為歷史從來不是批判善惡的歷史，故他在書中也盡量避免這一點，如他講到武則天一段歷史時便指出，武則天之所以大殺群臣，真正原因是傳統君主集權中只有靠皇帝威權才可駕馭臣下。他又常批評，傳統史家「過於強調道德上的議論而忽視技術上的探討」。

三、以經濟角度剖析歷史：全書中黃仁宇用了很多篇幅說到經濟，如指中國缺少數目字上管理、唐朝以後沒有有效的稅收制度、北宋的商業僅服務文官階級、王安石經濟改革超越了該時代限制等等。

「大歷史觀」指出，時代之整體走向及發展狀況，是由無數社會和物質上各種因素共同堆積起來，歷史舞台上某一「關鍵角色」往往只是一個「角色」，讓任何人來扮演都可以，為眾人所熟知的著名歷史人物只是正好在那個時間踏上舞台，坐上歷史早準備好的空缺「角色」席，歷史人物的作為也無法超出地理、科技、社會結構等方面的「技術性」條件。

喬治．弗列德曼

二〇〇九年，我偶然看到了喬治．弗列德曼（George Friedman）出版的《未來一百年大預測》（*The Next 100 Years: A Forecast for the 21st Century*，二〇一六年改版新書名為《下一個100年》）一書。

作者生於匈牙利，父母親是二次大戰時納粹大屠殺事件的生還者。由於政治因素，弗列德曼在三歲時隨同父母移居美國。他對政治與國際關係議題特別感興趣，在紐約市立大學（The City College of New York）主修政治科學；隨後取得康乃爾大學（Cornell University）的博士學位，畢業後在賓州的迪金森學院（Dickinson College）任職二十餘年。

除了政治科學學者與作家兩個身分之外，弗列德曼也是美國民營智庫機構「戰略預測」（Strategic Forecasting Inc.，簡稱Stratfor）的創辦人與總裁，此機構為全球首屈一指的情資收集與預測公司，專門提供企業與各國政府關於全球的政經分析與預測。二〇〇一年的《霸榮》週刊（*Barron's*）曾稱它為「影子中央情報局」（the shadow CIA）。

《未來一百年大預測》這本書，是從整體的角度來探討未來的國際體系之變化，為了協助讀者理解這本書，作者採用了地緣政治的觀點。地緣政治這個領域裡面認為，過去幾個世紀以來，國際體系的基礎是民族國家，在二十一世紀的世界裡，國際的運作也仍然建立在民族國家這個基礎上，因為當代社會具有高度的複雜性，需要有龐大完備的組織才能因應。

作者認為地理位置決定了國力。就算冰島這個國家擁有最聰明的領袖、最完備的意識型態，也永遠無法主導、塑造整個國際體系。同理，美國的總統就算再笨、文化就算再墮落，但光憑著美國在國際體系當中的重要分量，就可以使美國持續位居決定性的地位。

§

從以上我所介紹的三位作者和他們的成名作，我總結歸納如下：

馮馮的《微曦》四部曲，描述了大時代大動亂之下的人物故事，我姑且稱它為「小歷史」。小歷史充滿了令人熱淚盈眶、感動人心的力量。

黃仁宇的幾本書強調的是「大歷史觀」，書中讓人感覺到氣勢磅礡，有豁然貫通的感覺。

喬治．弗列德曼的「地緣政治學」觀點，則是以民族國家和地緣位置，來解釋過去一百年政治和戰爭的起因。

如果說「小歷史」就是一個點，「大歷史觀」就延伸成了一條時間線，加上「地緣政治學」，就構成了一個三度空間的思考模型。運用這個模型總結過去的歷史，加以預測未來，《未來一百年大預測》這本書就充滿了爭議。作者是不是真的像算命的一樣，能夠精準預測二十一世紀一百年將要發生的大事？對我來說，這不重要，也不是我的重點。重要的是，仔細閱讀完這幾本書之後，我開始用宏觀的角度和三度空間的思考模型，來觀察和思考產業、人生、職場、管理等等的問題。

如果讀者有興趣回顧一下我過去發表過的一些文章，就可以看到許多「大歷史觀」的脈絡，例如：《創客創業導師程天縱的經營學》書中的〈從美、日、中的電子產業變革借鏡〉、〈台灣半導體產業核心競爭力的轉移和改變〉、〈產品4.0時代：日本再興起的機會〉，以及本書前一篇〈人生的輸贏，在於自我的價值與實現〉等文章。

這些文章都是由於我運用「大歷史觀」回顧我四十年的高科技產業專業經理人生涯和經歷，然後總結出來的結論。我花了這麼長的篇幅來說明思考體系和理論基礎的來源，主要目的有兩個：

一、鼓勵我的朋友們抽空看看這幾本書。我的收穫非常大，我相信對我的朋友們也會有幫助。

二、我有其他幾篇文章同樣也使用「大歷史觀」來談政治、宗教、管理等話題，讀者們可以留意看看，是否能從文章中讀出內含的「大歷史觀」。

5 世間處處有，人後樣樣無：談所謂「大師」

人人都需要大師。學歷越高、事業越成功的人士，其實更需要大師。

一九八八年，我很幸運地由台灣惠普外派到香港擔任亞洲區市場部經理，那年是台灣政府開放大陸探親的第二年，而香港又是往大陸探親的必經之地。在那個年代，香港也是台灣人採購歐洲名牌服飾最理想的地點。在銅鑼灣和尖沙咀，到處都是一間間的小店，以及進口歐洲名牌服飾的批發店。

於是除了日常工作以外，送往迎來成了我很重要的任務。許多朋友知道我派駐香港，在去大陸探親、考察，或是去香港度假順便採購時，都會和我聯絡，約在香港碰面，同時請我安排帶他們去採購。

人間有大師

有一天我接到電話，有兩位朋友要到香港來，希望和我見面。一位是台灣知名大學的MBA，在知名外商銀行擔任管理高層，另一位是我學弟，畢業後自行創業，並且抓住兩岸開放的契機，正在深圳設廠。

由於要到大陸設廠，必須僱用當地幹部，但是他們沒有跟大陸人打交道的經驗，兩岸又相隔四十年沒有來往，所以雖然同文同種，但在思想、文化上確實有很大的差異。於是，他們兩位特地在台灣找到一位「大師」來幫忙。據他們說，這位大師有特殊的「識人功夫」，只要見到本人，當下就能正確判斷此人可不可用、可不可信任，甚至能不能擔當重責大任。為此，我朋友特別費了一番功夫，邀請大師和他太太到深圳工廠，幫他們評估大陸幹部。

凡人需要大師

既然是這麼位重要的人物，在進深圳之前，肯定要安排好在香港一遊、採買歐洲名牌服飾。作為地主，我免不了要請吃飯，當導遊帶他們去採買。

為了接待這對大師夫婦，我的兩位朋友可是下了大本錢。大師夫婦飛商務艙，兩位朋友飛經濟艙。大師夫婦在香港住的是最高級的半島酒店，而兩位朋友就在附近找個三星級酒店住下來。

對於這位大師的能力，我這兩位「高學歷的高科技專業人士」朋友深信不疑，而且講得頭頭是道，有如天神下凡，讓我不禁好奇地想了解一下這位大師的背景。

據說大師在成為大師之前，自己經營一家公司，而且還曾經擔任過台灣某產業公會的理事長。他的神力，在於可以看到每個人頭上的五彩光芒，再根據每個人頭上的光芒來判斷這個人的能力、品格和未來運勢。因此總是門庭若市，找他幫忙的人絡繹不絕。

他們是中午到達香港，入住半島酒店之後，大師的太太跟朋友有約就出門去了。我的兩位朋友想抓緊時間，自己也採買一些舶來品，因此我就帶他們和大師一起到尖沙咀的歐洲名牌服飾店去採買。

每當我的朋友看中了喜歡的衣服，試穿上身之後都要問問大師：「我的頭上有沒有光？這件衣服適不適合我？」大師每回都氣定神閒，而且非常果斷地給他們意見：有的衣服比較有加持力，有的衣服不適合。我在一旁，看得半信半疑。

兩位朋友都頗有收穫，各自買了些時尚的歐洲衣服，由於我認得老闆，自然也拿到了滿大的折扣，不過大師倒是沒有採買任何東西。我們回到酒店，剛好也在大廳碰到大師太太回來。大師太太欣賞一下朋友們的採購收穫，問了價格以後，認為非常划算，立刻拉著我們再回那家店，去挑選他們需要的衣服。

大師也需要大師

大師太太忙著採購自己的東西，吩咐大師自己去挑，如果有滿意的再讓她看看。相同的場景再次發生，只不過這回是大師試穿衣服，回頭問太太「這件好不好看？那件行不行」。太太匆匆看一眼，毫不客氣地說：「你這個人有沒有品味啊？這麼俗氣的衣服還在挑？台北滿街都是這種衣服，幹嘛跑到香港來買這些舊款式？」只見大師垂頭喪氣地再去挑別的，我在一旁看得啼笑皆非。

這次經驗在我心中留下極其深刻的印象，雖然過了三十年，當時的影像仍然十分鮮明。我從中體會到幾件事：

一、人人都需要大師。學歷越高，事業越成功，越需要大師。陳水扁需要塔羅牌大師，大陸航天之父錢學森需要特異功能大師，許多知名的企業家都有自己的風水大師。

二、由於人人都需要大師，自有大師應運而生。許多大師被人們拱出來，有如黃袍加身。對於大師來說，你不去當大師，自然有人會去當，何樂而不為？

三、科技雖然進步，宇宙仍有許多神祕之處。人們雖然越來越自我、越來越有自信，人心仍是脆弱的。這些都是需要被填補的，所以對大師的能力是信者恆信。

四、政府首長、電視名嘴、民意代表、成功企業家、知名藝術家，不也都是某些人的大師？而這些大師的內心深處也都藏著一個小孩，這些小孩也需要自己的大師。

五、有人說中國人特別有「奴性」，我不認為這個叫做「奴性」，我覺得中國人的內心特別需要大師。

六、有些大師，信徒多了、時間久了，就會打從心裡真正相信自己是一個大師。只不過，任何一個大師在老婆面前，可能都是白痴。

6 東西方文化衝突的根源：平等與不平等

我在外商跨國企業服務三十年，在台灣跨國企業也服務了五年，而我又是台灣土生土長受教育的專業經理人，但經常與西方和華人企業的經理人來往，因此有許多機會近距離觀察到東西方文化的差異和衝突。

野狗惹的禍

第十一屆亞洲運動會於一九九〇年九月二十二日至十月七日在中國北京舉行，會期十六天。這是中國第一次承辦亞運會，也是亞運會第一次在社會主義國家舉辦。

北京市政府為了辦好這一次難得的亞洲運動會，動員了全北京市民打掃環境、整頓市容。當時的北京，四處都是無人圈養的野狗，所以為了保證國外遊客在亞運會期間的安全，當局特別在《北京日報》上呼籲全體市民撲殺野狗，以免四處流竄的野狗咬傷國外來的客人。

沒想到，這篇新聞被美國的保護動物協會看到，翻成了英文投書美國各大媒體，呼籲美國人「一人一信」寄到中國駐美大使館和領事館，以抗議這種「野蠻行為」。呼籲信中，同時羅列了贊助這次北京亞運的美國企業名單，希望美國的消費者一同抵制這些企業的產品。

一九九〇年初，我剛被惠普從位於香港的亞洲區總部調任到矽谷的全球總部工作，負責海峽兩岸三地的政府關係，以及重要客戶來訪事宜。因此，我需要和中國駐舊金山領事館的科技參贊張軒先生保持密切的聯繫和合作。我才剛上任沒多久就碰上了這件大事，很不幸的是，惠普也是這次北京亞運的贊助廠商之一。為了支持這次亞運在北京舉辦，惠普捐贈了一批電腦系統給北京亞運的籌備單位。正因為如此，惠普也成了美國人抗議的目標。

在事件發生後的一個月內，中國駐舊金山領事館平均每天接到超過一千封以上的抗議信，而惠普也不遑多讓，每天接到五六百封抗議信。惠普為此特別成立了公關危機小組，我是當然成員，每天都參與閱讀這些信件，並選擇較為重要的予以回覆。

張軒先生還特別和我通了電話，交換意見、尋求對策。當時他說：「美國人為什麼對這件事有這麼大的反應？我們整頓市容、撲殺野狗也是為了外國遊客的安全。到底是野狗比較重要還是外國客人的安全比較重要？」

類似這樣的例子不勝枚舉。為什麼東西方的觀點會有這麼大的差距呢？

封建制度下，不平等的階級架構

政治就是管理眾人的事。其最根本的目的，在於維持一個國家與社會的穩定和諧。仔細看看東西方的歷史，會發現古代所有的政權都是靠武力打天下打出來的，而維繫一個政權或社會的穩定，就要靠金字塔型的封建制度。

封建制度是一種政治制度。封建即「封土建國」，由共主或中央王朝給宗室成員、王族、功臣分封領地，所封之地稱為「諸侯」，諸侯再分封卿大夫。諸侯和卿大夫在自己的領地上，擁有相當高的自主權，分封的目的是讓他們建立封國和軍隊，以協助中央王朝的統治。同時，歐洲從中世紀起的君主制國家也稱為王國，君主稱為國王。儘管兩者有所不同，但從純粹的土地分封來看，兩者是一致的。

封建制度把統治階級形成一個金字塔式的架構，它的穩定就是建立在人的「不平等」上面，也就是**靠著不平等的階級架構來維持社會的和諧與穩定**。

東方文化的不平等

在東方社會，除了政治架構造成的不平等之外，即使在民間社會也講究不平等。儒家提倡五倫，五倫是指五種不同的倫理關係，即君臣、父子、夫婦、兄弟、朋友。而所謂倫理關係，其實就是建構一種不平等的架構。只要人人遵守這種架構的倫理關係，扮演好自己該扮演的角色，順服這種架構的指揮，社會就會穩定與和諧。

所謂媳婦熬成婆，就是媳婦的位階低於婆婆，所以媳婦必須要服從婆婆的指揮。當有一天媳婦熬成婆婆，那麼她就有權指揮她的媳婦。同樣的道理，君臣、父子、夫婦、兄弟、朋友，這五倫之間的關係就是不平等的。

西方文化的平等

歐洲歷史也是從封建制度開始，接著進入君主專制（absolute monarchy），再進入君主立憲制（constitutional monarchy）。君主立憲制是在保留君主制的前提下，透過立憲樹立人民主權、限制君主權力、實現事務上的共和主義（republicanism）理想，但不採用共和政體。但從這裡開始，已經出現了「人民主權」的概念。

隨著哥倫布（Cristóbal Colón）發現新大陸，歐洲人大舉移民美洲。一七七六年七月四日，北美大陸十三個英屬殖民地因為受不了大英帝國的橫徵暴斂，所以為了生存自由，聯合簽署了《獨立宣言》（Declaration of Independence）。此宣言由傑佛遜（Thomas Jefferson，後來的美國第三任總統）起草，於一七七六年六月二十八日完成，強調「天賦人權」。宣言中表示：**「人生而平等，造物主賦予他們一些不可剝奪的權利，包括生命權、自由權和追求幸福的權利。」**接著，這些州宣布脫離大英帝國統治，組成美利堅合眾國。這個剛誕生的新國家在華盛頓（George Washington）的領導下，與大英帝國打了八年艱苦的戰爭，才贏得實質的獨立。

接著在一七八九年美國《憲法》制訂之後，美國成為一個聯邦共和國，並且是世界上第一個現代的民主國家。隨著美國的發展壯大，對世界各國的影響力大為增加，天賦人權於是成了普世的價值觀，並且成為西方社會穩定和諧的基礎，而天賦人權則是建立在人類生而平等、人人平等的基礎上。

以路權為例

假如這個世界上只有你一個人，那麼你就擁有無限制的各種權力，但是在有很多人的社會裡，如果每個人都想擁有無限制的權力，就會發生矛盾與衝突。所以，必須有一定的規範，才能夠讓每一個人都擁有「相等」的權力。

就以大家最熟悉的交通規則來說吧。在美國開車的人都知道「幹道車輛先行」的道理，因此在幹道上行駛的車子就擁有較高的路權，在支道上行駛的車就必須把路權讓給幹道上的駕駛者。

另外，在美國經常有許多車流量不大的十字路口是沒有設置紅綠燈的，只在四面路口豎立著「停車再前進」號誌（stop sign），所有的駕駛者都遵循著同一個規則，誰先到路口就誰先行。如果有兩輛車同時抵達路口，這時候應該由哪輛車先通過呢？這裡也有一個大家都遵循的不成文規定，就是讓右方的車先行。

用這兩個例子要強調的是，**在人多的社會裡，許多權力是別人讓給你的；而同樣地，你也要遵循規則，把一些權力讓給別人**。所以，**人權和平等的價值觀，必須建立在「遵守規則」和「尊重別人」的基礎上**。

華人世界的文化衝突

撇開政治體制不談，海峽兩岸的社會體制深受數千年以來「不平等」的倫常關係的規範。但是，制度和規則在碰到這種不平等地位時，往往「敬老尊賢」、「長幼有序」、「論資排輩」、「長官屬下」等等倫理關係就會被強調，成為強勢的一方不遵守制度和規則的理由。

在網路的影響下，西方文化的人權、自由、個性化等價值觀，成為年輕人追求的時尚。「只要我喜歡，有什麼不可以？」這句話在年輕世代裡，人人琅琅上口。可是人權和平等的基礎——「遵守規則」和「尊重他人」的態度與行為——卻沒有透過家庭教育、學校教育，甚至社會教育深植人心。再加上東方文化社會體制倫常關係的不平等架構仍然存在，許多社會的亂象就因此而發生了。

社會新聞經常出現父母攜幼兒自殺、情侶分手男方砍殺女方、前輩怒罵後進、民意代表耍官威耍特權、網路肉搜公審或霸凌等等亂象，這些亂象很多都是西方和東方文化在我們的社會裡產生激烈衝突所造成的。

西方文化的「平等」和東方文化的「不平等」同時出現在我們的社會裡，如果能夠建立我們自己的核心價值觀，並透過教育培養正確的態度和行為，或許我們也可以兼得兩種文化的優良精髓，建立一個穩定和諧的中堅階層，消除現在的社會亂象。最不幸的可能是，我們在這兩種文化當中都學到了半吊子，任由平等與不平等的架構激烈衝突。今後台灣社會的亂象可能不僅止於此，還會加劇。

真是野狗惹的禍？

最後再回到一九九〇年北京亞運會的野狗事件。西方文化對於平等的極致，就是尊重每一條生命，而野狗也是一條生命，它的權利也應該受到尊重。但在東方文化的不平等架構下，人的價值當然高於野狗。從這個例子可以看到，東西方文化和價值觀之間的衝突也就不可避免了。

7 東西方的文化差異：人與人之間的距離

一九九七年底，我離開惠普加入德州儀器，舉家搬遷到德州達拉斯，開始我對德州儀器的技術、產品、組織、總部運作的學習之旅。

當年達拉斯的華人並不多，主要是來自台灣的留學生，畢業以後在德州儀器等大企業工作，還有到美國德州來打天下的台商。中國大陸的留學生並不多，經商或自己創業的也有，但是比台商少很多。

在達拉斯已經算是極少數的華人社群，又分了許多小圈子，但這些圈子彼此之間幾乎不來往。首先是大陸和台灣的圈子，彼此很少來往，在大企業上班的台灣工程師和台商團體之間也互不來往。

即使是這麼少數的台商團體，還分成了三個台商協會，平常活動各辦各的，互別苗頭的機會比較大。唯一一年一次所有台商聚在一起的時候，就是由台灣駐休士頓辦事處舉辦的雙十國慶晚會。

有一次在某個聚餐活動裡，我認識了一位幾年前從北京移民到達拉斯的朋友，而我也剛結束了在北京六年的惠普工作，舉家搬到了達拉斯。因為同樣是從北京搬到達拉斯的關係，我們有比較多的話題可以聊。由於我是剛搬過來的，話題就自然而然地轉到「如何適應新的環境，以及中美文化差異所造成的困擾」。於是，他分享了以下這個故事。

鄰居為什麼不高興？

辦完所有移民手續之後，他全家順利拿到了美國綠卡，於是在達拉斯北邊一個高級住宅區買了一幢獨立洋房。比起北京，達拉斯的房價相對來說是非常低的，而且周遭的環境非常好，讓來自北京的這一家人非常滿意。

才剛搬進新家，附近的鄰居紛紛登門來拜訪。除了互相自我介紹以外，還送了鮮花、蛋糕等等小禮品，表達歡迎之意。每天早晚，鄰居都會很熱絡地跟他們打招呼。

這種情況跟他們在北京時是完全不一樣的。住在北京的小區公寓樓裡，鄰居之間老死不相往來，住的是誰都不知道，哪像現在鄰居這麼親切，宛如家人一般。

有一天，他老婆正在燒菜準備晚餐，菜燒到一半發覺鹽用完了，他懶得開車到超市買，老婆的菜也等不及了，於是就穿著汗衫短褲、腳蹬著拖鞋，跑到隔壁鄰居家裡去借。鄰居出來應門、問清楚狀況之後，到廚房拿了一包鹽給他，但在他開口道謝之前，鄰居卻板著臉跟他說，如果將來再有這種情況，請先打個電話「問」一聲，看看他們方不方便幫忙，以後不要再無預警登門造訪。

臉都綠了的他，回家跟老婆說了這事。結論是，這些老美的親切和笑臉都是裝的，骨子裡還是看不起華人，以後還是跟這些鄰居保持距離，以免自討沒趣。

於是，他以過來人的身分告訴我，跟老美之間還是保持距離比較好，有事情還是找老鄉幫忙才是正確的。這件事情讓我想到，一九九二年一月我在結束了美國的工作，舉家從美國加州矽谷搬到北京，就任中國惠普總裁的新職位時，發生的一個小故事。

主動打招呼的「神經病」

當年中國惠普的總部是位於北京建國門外大街，中國大飯店旁邊兩棟辦公大樓之一的國貿西樓。東樓是二十幾層的高樓，西樓是六層的矮樓，而中國惠普就占據了其中的四層樓。

第一天上班，我進了電梯後陸陸續續進來許多年輕人。我心想，他們大概都是中國惠普的同事，於是我主動跟他們打招呼，對著他們每個人微笑說「早安」。

在美國惠普總部工作兩年，每天上下班碰到同事，都是親切地打招呼；即使在商場之類公共場合的電梯裡，碰到陌生人點頭微笑打招呼，也是再平常不過的事。

誰知道我在電梯裡的這個舉動，居然沒有得到任何回應，而且每個人都以狐疑害怕的眼光看著我，還往反方向靠，盡量離我遠一點。有一次我很清楚地聽到有個女孩對另外一個低聲說了句「神經病」。

以上兩個例子，說明了東西方文化之下，人與人之間的距離是不一樣的。

西方：有點黏又不太黏

我在美國的這些年，感覺到老美對於人與人之間距離的態度，跟我們華人是不同的。老美在「應付陌生人」和「應對親友」兩者的處理方式仍然是有差異的，但差異並不是很大。

如果說，與陌生人之間的距離是十公尺的話，那麼與親友之間的距離也要保持兩公尺左右。也就是對陌生人保持「敬之以禮」的距離，對於最親密的親友也保持「尊重隱私權」的距離，這就是「有點黏又不太黏」的感覺。

「你為什麼沒有問？」

今年六月初，我到矽谷去探望我大兒子一家人。有一天，我帶著四歲的孫子 Leo 到一家有名的甜點餐廳，吃他最喜歡的冰淇淋，我自己則點了一份蛋糕，搭配一杯拿鐵。

看著送來的一大份冰淇淋，小孫子吃得比較慢，因為擔心他吃不完，又怕冰淇淋融化了，因此我很自然地拿著我的湯匙，伸過去吃他的冰淇淋。這時，四歲的小孫子停下來看著我，問我說：「爺爺你在幹什麼？」我回答：「爺爺怕你吃不完，冰淇淋又融化了，幫你吃一點啊。

難道你不願意跟爺爺分享嗎？」

可愛的四歲小孫子說：「可是你沒有問。」

恍如遭受到重擊一般，我突然領悟到了一點：在美國受教育的小孩，從小就知道要「問」（ask），意思就是**要得到別人的許可**（asking for permission）。這是對他人尊重的一種表現。即使我是他的爺爺、即使是我付帳請他，要吃他的冰淇淋之前，仍然要「問」，必須得到他的許可。

在我這個東方「不平等倫理關係」教育下的腦袋裡，爺爺吃孫子的冰淇淋，哪還需要「問」？哪還需要得到孫子的許可？在東方的舊思維裡，這樣的孫子可能會被認為是「不孝」、是「大逆不道」。

東方：不是「自己人」，就是「壞人」

我們從小就教育小孩，不要隨便跟陌生人說話、要提防壞人。如果是夫妻之間，或是父母與子女之間，則必須掏心掏肺地坦白與服從。至於朋友之間，如果是真哥兒們的話，則必須講義氣、為朋友兩肋插刀。

在東方文化的教育下，陌生人之間的距離是無限大，但與最親密的親友則是毫無隔閡地連結在一起，絕對順從、共同赴死、兩肋插刀，幾乎要達到「你泥中有我，我泥中有你」的境界。

潮汕人最團結，見面的通關密語就是「嘎己人」，也就是「自己人」的意思。作為「自己人」，就只能慢慢地等到「媳婦熬成婆」，才能有自己的地位，但不管是媳婦還是婆，都仍然不好受。

如果不是「自己人」，難道就都是壞人嗎？

做生意要講關係

做了四十年的銷售業務，我始終遵循著一套模式，就是與客戶初見面的時候，先套關係，有了關係才能打破隔閡。因此這種關係的小圈子，在華人社會裡非常盛行。

同鄉、校友、當兵同梯、同一家公司服務過、協會、公會、商會、吃會、獅子會、扶輪社、共同的朋友、父輩祖輩的交情、共同的愛好等等，只要你找得到任何圈子，都是有用的。圈子不僅可以將自己與初見面的陌生客人之間，從原本無限大的距離立刻縮小到一百公尺，如果能再找到兩三個圈子，就可以馬上縮小到幾公尺的範圍內。

俗話說，先做人再做生意。做人的意思就是說，找到各種不同的圈子，可以把對方和自己圈在一起，當距離足夠近的時候就變成「自己人」，這時就可以開始談生意了。

結論

這篇文章和前一篇文章一樣，總結了我對東西方文化的觀察，並且把我觀察到的現象和我感受到的心得分享給朋友們。上一篇文章談的是人與人之間地位的平等和不平等，而本文談的則是人與人親疏之間的距離。

對於東西方價值觀與文化孰優孰劣，我沒有任何批判的意思，每個人都可以有自己的判斷和立場。但是，在有自己的判斷和立場之前，首先要觀察現象、了解差異。

讀完了這兩篇文章的朋友們，可以再仔細觀察一下你的週遭環境，人跟人的地位、人跟人的距離，在東西方世界裡是不是不一樣？

8 誰扼殺了創新創作？

段鍾潭在五兄弟排行老三，好朋友都直呼「三毛」，是我的大學同班同學、同寢室室友。他和他哥哥二毛段鍾沂，一九七六年創立《滾石雜誌》，一九八〇年創立「滾石唱片」，最盛時期有一千兩百多位員工，簽下兩百多位歌手。

互聯網的生意模式對音樂創作有害

他自己說，二〇〇二年時由於太過自信、有理想沒技術，再加上金融風暴和網路泡沫化，負債十六億台幣。當時的銀行都勸他宣告破產、清理債務，但是他沒有同意。三毛還是堅持理想，維持「滾石」的品牌，縮小規模、腳踏實地、力求生存。直到二〇〇九年的「縱貫線」和二〇一〇年的「滾石30」系列演唱會，終於還清債務，滾石東山再起。

兩年前，我去拜訪他在廣州的現場展演空間「滾石中央車站」小酌聊天時，提起了全中國大陸的卡拉OK都使用滾石的歌曲，卻都收不到錢。現在情況是否改善了？他說，卡拉OK還是收不到錢，但是大陸互聯網*公司旗下的網路音樂電台，提供網友免費收聽的滾石歌曲，倒是都有付權利金。他進一步解釋說，雖然收到了錢，但是這種**互聯網「羊毛出在豬身上，狗埋單」的生意模式，長遠來講，對音樂創作的發展卻是有害的**。

創新創作的動力來源

錢對於音樂創作者和歌手來說，當然是很重要的，但創作者的動力，主要是來自於音樂愛好者對作品的鼓勵與支持。在一九八〇和一九九〇年代，這種創作動力來自於消費者花錢購買黑膠唱片和後來的CD。那個時代，經常可以聽到某某歌手的唱片賣了百萬張，這是對音樂創作者最好的鼓勵。

在互聯網時代的今天，用戶隨時可以在網路上免費下載、免費收聽創作的歌曲。雖然創作者從互聯網公司得到了版權報酬，但是卻失去了由用戶直接來的掌聲。

消費者的心態就是這麼現實，免費的就是沒有價值的、不值得珍惜的，因為隨手可得。這是現今大部分音樂創作者感受到的最大挫折，也是令他們失去創作動力的最大原因。今天的音樂創作者和歌手紛紛舉辦大型演唱會，透過歌迷和粉絲們購買價格不菲的門票和在現場的掌聲、互動，得到持續創新、創作的動力。

來自消費者的「感謝函」

楊千是交大高我一屆的學長，目前已經從交大管理學院退休。在學校時，我們就一起參與過校刊的編輯。

楊千曾經跟我說過，消費者付錢購買你的產品，其實他們付出的不僅僅是「錢」，更多的成分是一封「感謝函」（thank-you note）——因為你的產品為消費者創造了「價值」，所以他們感謝你。失敗的公司沒有為他們的目標客戶創造價值，所以得不到客戶們的「感謝函」，因此

＊編注：大陸所稱之「互聯網」即Internet，在台灣習慣稱為網路或網際網路，本書未刻意區分三個稱呼。

衰退或失敗。

我在臉書上的創作文章

我從二〇一五年十二月開始在臉書上發表我的原創文章，主要目的是希望能夠把我過去四十年的專業經理人經歷，以及退休後輔導創業團隊的經驗，加以總結、分享，再傳承給年輕的下一代。

承蒙城邦媒體集團首席執行長何飛鵬看重，集結了我的文章，出版了三本書。*二〇一七年至今，我維持每週一篇的頻率，在臉書上繼續發表文章。

尋找目標用戶

最近我在臉書上發表了兩篇「我的臉書社群研究」文章，†得到了許多朋友的按讚、留言，以及分享。我這兩篇文章，主要是總結過去一個多月之中，我對於兩個臉書帳號朋友的結構做了分析，然後採取行動刪除了非目標用戶（target audience），找到新的目標用戶來取代的一連串行動，以及最後得到的結論。

我的臉書文章就是我的產品，而我的臉書朋友就是我的目標用戶，我希望我的產品能夠為我的用戶創造價值。

首先，我必須確認我的臉書朋友就是目標用戶，經過分析得到目標用戶的使用行為與圖像，所以我開始刪除非目標用戶。但是要找到目標用戶來取代之，確實有困難。我試過臉書廣告，並沒有明顯的效果。最好的方法還是透過「分享」功能，才能有更好的傳播效果。但是對於新增的朋友邀請，如何以最短的時間判斷「是否為目標用戶」，則變成了我的大難題。這就是為什麼我要求新加入的朋友要先轉貼我的臉書文章，分享給他們的朋友們，然後我才接受。

這個做法雖說有點不太禮貌，但是可以同時達到「確認目標用戶」和「增加分享傳播」的兩個目的，所以我還是這樣執行了。我發現，真正的目標用戶並不介意這樣的要求，所以短短兩週內增加了五百多個朋友。

---

* 編注：作者前三本著作依序為《創客創業導師程天縱的經營學》《創客創業導師程天縱的管理力》與《創客創業導師程天縱的專業力》。

† 編注：此系列文章後來共有五篇，請詳閱本書後方內容。

給我的感謝函：按讚、留言與分享

在這個過程當中，我也接到了許多朋友的留言，他們表示是我的忠實粉絲，我的文章他們都有閱讀，但是他們並沒有點讚、留言、分享的習慣。讀者對於我的文章沒有點讚或留言的習慣，我還可以接受這種說法，可是我們之間就**失去了「互動」的機會**，對於一個創作者來說，這就是「收不到感謝函」。

將文章分享給臉書朋友，對我來講是最大的感謝函，這代表我的產品不僅僅對用戶有價值，而且他們願意也實際推薦給朋友們，讓我的產品也可以為他們的朋友們創造價值。對我來說，這是最大的鼓勵，以及繼續創作的動力。尤其當我看到目標用戶在他們的版面上分享了許多美食、旅遊、影片等內容，但沒有分享我的原創文章，會令身為一個創作者的我有更大的挫折感。

三毛和楊千說得都對。如果我們希望持續得到對我們有價值的事物，即使是免費的，我們也應當不吝給予其他形式的感謝函，為這些創造價值的創作者添柴加火，增加一些持續創作下去的動力。伸手即來、視之為理所當然（take it for granted）的心態，正是扼殺創新創作最主要的元凶。

9 上一代的態度，決定下一代的成就

許多朋友問我，為什麼中國大陸的創新創業風氣比台灣盛行？為什麼中國大陸的經濟發展比台灣快速？究竟中國大陸和台灣在這方面有什麼不同？關於這些問題，我也曾經詢問過幾位大陸上市公司的創業老闆，請教他們的看法。

這些創業老闆有許多共同點：他們大都是六〇後（一九六〇年後出生的人）或是七〇後，年齡分布在四十到五十歲之間，他們大都在一九九〇年代創業，公司已經上市，身家財產都在數十億到數百億人民幣之間，甚至有超過千億人民幣的。

至於他們的下一代，則大約在二十五到三十歲之間，有許多留學歐美，並且已經在企業內歷練了幾年，擔任高層職務，積極布局接班。

由於我在大陸的時間多半都在深圳，所以我認識的這些創業老闆大都是「深商會」的會員。「深商會」是一個二〇一二年二月十九日成立的組織，會長由原深圳市委副書記、人大副主任、深商聯會長莊禮祥擔任。萬科集團董事局主席王石先生則擔任深商會的理事會主席。

深商會由三個會員圈子組成。最核心的圈子叫做「深商總會」，由深圳市一百億資產以上的大型企業組成；第二個圈子叫做「深商聯合會」，擁有超過兩千家中大型企業會員；第三個圈子叫做「深圳中小企業聯盟」，有中小企業六千多家。

據說，光是「深商總會」的一百家核心會員企業，就貢獻了深圳GDP（gross domestic product的縮寫，意指國內生產毛額。衡量的對象原為國家，此處則為深圳）的四〇%，其中有號稱「深圳五大金剛」的任正非、馬化騰、王傳福、許家印、王文銀，形成了盤根錯節的政商人脈。

台灣和大陸的世代差異

有趣的是，我請教的這幾位創業老闆，他們都一致認為，「大陸和台灣的差異，就在於大陸的年輕人敢挑戰老一輩，而且不認為老一輩的就比年輕的強。」

根據我自己分析認為主要原因是，一九六六到一九七六年的文化大革命毀掉了四〇後、五〇後的一代人，隨後的改革開放則提供了民營企業快速成長的土壤，又遭逢高科技浪潮帶來的巨變。在這種沒有上一代壓抑、又有著無限市場商機的大環境下，不僅造就了這一代的企業家，也創造了中國大陸過去三十年經濟高速發展的奇蹟。

而在台灣出生長大的四〇後、五〇後，並沒有經歷過像大陸這樣的動亂，反而在台灣政府推動經濟建設的大環境下，紛紛成功創立了今天的中大型企業。台灣的這一代企業家，現在雖然已經步入六七十歲之齡，卻仍然活躍在檯面上。

沒那麼辛苦，但也沒那麼幸運的一代

至於台灣的六〇後和七〇後，就沒有那麼辛苦，但也沒有那麼幸運了。由於上一代創業成功，因此創造了大量的就業機會，而且因為這一代的創業資源受到上一代企業的排擠，於是年輕人紛紛選擇就業，導致創業的機會和數量遠少於他們的上一代。隨後的八〇後和九〇後，又遭逢台灣過去二十年的經濟發展停頓，境遇就更加艱難。選擇就業的只能在低薪的情況下掙扎求生存，有勇氣創業的也只能小打小鬧，開個餐廳、搞個烘焙屋、炸炸雞排，過過追求小確幸的生活了。

反觀大陸八〇後、九〇後的年輕一代，碰上了互聯網、移動互聯網（mobile Internet）、*物聯網（Internet of things, IoT）、人工智慧（artificial intelligence, AI）等一波波新科技來襲，加上充沛的投資基金，處處都是創新創業的機會。這些三十來歲的年輕人，普遍認為他們的上一代已經過氣了，只能等著他們來顛覆，因此個個摩拳擦掌，創二代加速接班，沒有富爸爸的也紛紛投入創業的浪潮裡。

老一輩的態度

雖然這些成功企業家謙虛地認為，大陸的優勢在於「年輕人敢鄙視、挑戰老一輩」。其實我倒是深深覺得，他們老一輩的態度才是關鍵。他們從自己成功的經驗裡，歸納出「一代比一代強」的硬道理，因此敢重用年輕人，提早布局下一代接班，以求企業不斷地創新迭代、成長壯大。

反觀台灣的情況，五〇後、六〇後，甚至是三〇後、四〇後，老幾輩的人仍然霸住產官學的主要舞台，他們活躍於今天的結果，排擠了七〇後到九〇後的資源和機會，造成了台灣產業結構只有短頭，長尾卻越來越薄、越來越短的現象。這些年來我的觀察和分析，這種現象不外乎是幾種心態造成的：

一、在位者戀棧權力，不願意退場，無法忍受下台以後的孤獨和寂寞。

二、成功的企業家不願意面對「總有一天要退場」的事實，採取逃避問題的心態，寧可戰死沙場，也不考慮接班的問題。

三、忘了初心。總認為年輕人沒有經驗、辦事不牢靠，凡事只有自己動手才放心。

新北市電腦公會的故事

最後，我跟大家分享一個真實的故事。「新北市電腦商業同業公會」（以下簡稱為新北市電腦公會）的前身是「台北縣電腦商業同業公會」，成立於一九八七年二月，至今擁有會員公司超過兩千三百家。主要會員來自電腦、通信、數位內容、遊戲、電子電機、機械等產業。

＊編注：大陸所稱之「移動互聯網」，在台灣一般稱為「行動網路」。本書未刻意區分兩種稱呼。

二〇一六年底，新北市電腦公會的理監事任期已到，開始提名第十一屆的理監事名單，首先要決定理事長人選。由於德州儀器的工廠位於中和南勢角，是新北市電腦公會的成員之一，所以我從早期就代表德州儀器積極參與公會的會務活動，因此公會的創辦人和核心支持者就找上我，討論理事長的人選。我看了一下名單，都是五〇後的創業老闆。

說實話，擔任公會的理事長和理監事，就是出錢出力的工作，對於自己本業的生意幫助並不大。就拿公會於二〇〇二年創立至今的「資訊種子研習營」為例，公會每年從數百位報名的大學和研究所應屆畢業生當中，挑選三十五名優秀的年輕人，提供免費的培訓與前往中國大陸參訪知名企業的機會，而這些費用都來自於理事長和理監事的捐獻。這樣一個公會組織和平台，確實能給予年輕創業家建立人脈、豐富經驗、增加資源、承擔社會責任的一個好機會。

於是我就提出疑問：「為什麼名單上都是六十歲左右的人選？為什麼不能找四十歲左右的年輕人來擔任公會理事長的職務呢？」我得到的回答是：「四十歲左右的年輕人比較沒有經驗和能力，來承擔發展公會組織和會務的重責大任。尤其是理事長這個位子，更應該找德高望重、在業界有知名度、受人尊敬的企業家來擔任。」

由於公會的核心人物都是當初創立公會的優秀創業企業家，因此我就再追問：「那麼你記得，當初你擔任理事長的時候，是哪一年？當時你幾歲？」他想了一想，回答說：「三十八歲。」但也接著補充：「對啊，當時擔任理事長的時候，也沒有覺得自己經驗不夠、能力不足，結果把公會做得紅紅火火的，組織迅速成長，名氣和實力還遠超過台北市電腦公會。當時還與中南部各縣市的電腦公會結盟，儼然成為台灣電腦公會聯盟的盟主。」

我接著說：「如今台北市電腦公會的資源與實力已經超過新北市電腦公會了，其中關係到環境的變遷，還有許許多多的原因，但是不可否認，其中一個原因是『老猴子變不出新把戲』。為什麼不讓年輕人登上舞台來接我們的班呢？」

我相信，新北市電腦公會接下來會有年輕的新血，來取代老一輩的人，這才是高科技產業應該擁抱的趨勢和方向。

年紀到了，就應該把舞台讓出來，下台的身影要漂亮。我們五〇後和六〇後的這一代人，沒有辦法長生不老，也不應該永遠占據著舞台、把持著資源。產官學都一樣，現在檯面上的掌權者都要了解，未來的世界一定是由現在的年輕人來主導，早點放手，讓年輕一代開始歷練，台灣才有希望。

10 台灣應不應該推動「社會企業」？

二〇一七年十二月二十八日上午，我接受台灣精品品牌協會和中山大學的邀請，到中山大學光中廳演講，並且和特地南下參加座談的城邦媒體集團首席執行長何飛鵬一同接受主持人提問、與現場朋友互動。活動結束後，為參加活動的朋友簽書。

在座談會的提問時間，有現場朋友問我對「社會企業」（social enterprise）的看法。雖然我的回答相當另類，現場的朋友們還是給了我熱烈的掌聲。我覺得我的看法應該可以和讀者們分享。在告訴各位我的看法之前，讓我們先回顧一下社會企業發展的歷史。

社會企業起源於一九七〇年代中期。穆罕默德．尤努斯（Muhammad Yunus）從美國返回孟加拉兩年後，在一處貧困的村莊發現四十二名婦女無法償還高利貸。一經了解，她們積欠的金額僅為二十七美元，尤努斯立刻掏出自己的錢，借給婦女還清貸款，還讓她們可以製作物品販賣，藉以創造些微收入。尤努斯在一九七六年成立格拉明銀行（Grameen Bank），專供窮人小額貸款，創立了微型信貸（microfinance）的模式，提高窮人的生存甚至創業能力，成為社會企業的先驅。尤努斯與格拉明銀行後來在二〇〇六年共同獲得諾貝爾和平獎。

如今，除了開發中國家積極推動社會企業之外，在已開發國家當中，對社會企業家的法定地位比較清楚完善的，就屬英國了。根據英國劍橋大學（University of Cambridge）教授的總結，社會企業的發展由來是演進式的，主要是因為非營利組織面臨到：

一、大眾捐款日益降低；

二、政府補助逐年縮減；

三、很多富人對非營利組織的效率和捐款運用日漸感到不耐。

社會企業的定義

如果到網路上去搜尋台灣的社會企業現況，會發現找到的資料對社會企業正在進行的工作內容著墨比較少，反而有大批的文章在爭辯社會企業的定義，互相爭辯誰才是真正的社會企業。我找了三個主流的社會企業定義，給大家參考。

理論化的定義

什麼是社會企業？**廣義而言，「社會企業」指的是一個運用商業模式，來解決某一個社會或環境問題的組織。**例如，提供具社會責任或促進環境保護的產品／服務、為弱勢社群創造就業機會、採購弱勢或邊緣族群提供的產品／服務等。其組織可以以營利公司或非營利組織的型態存在，並且有營收與盈餘。其盈餘主要用來投資社會企業本身、繼續解決該社會或環境問題，而非為出資人或所有者謀取最大的利益（以上定義摘錄自社企流網站）。

因此，根據以上的定義可以歸納出來、而且在國際上受到普遍認同的定義就是：

一、用具有可獲利的商業模式的手法解決社會問題；

二、追求最大社會價值，而非最大獲利的商業組織。

社會化的定義

「好食機農食整合有限公司」共同創辦人謝昇佑對社會企業的定義則是：

社會企業是在民主原則的社會團結理念下發展產業，因此，追求的是企業營運範圍內，企業自身與利害關係人共同的最大利益。積極態度的社會企業是「透過企業經營強化（民主原則下的）社會團結」；消極態度的社會企業則是「企業經營不破壞（民主原則下的）社會團結」。

財務化的定義

社會企業是一個基於社會服務或環境改善為目的的生意，並且：

一、期盼透過販售服務或商品，以取得全部或部分收益，而非仰賴捐款；

二、為了改變而設立；

三、有很清楚的利潤處置規範，並要求將這些收益再投入社會服務。

企業利潤與社會責任

我在網路上瀏覽了很久，大部分文章都在爭辯社會企業的定義，卻很少看到有文章在討論「究竟什麼是社會責任」、「有哪些社會責任需要企業扛起來」。讓我引用惠普公司的七個公司目標來解釋。這七個公司目標，依照重要性排列分別是：

一、客戶；
二、利潤；
三、成長；
四、市場領先；
五、員工；
六、領導人才；
七、社會責任。

其中客戶和利潤排在最前面，因為之後的五個目標都需要利潤來支持。惠普公司的第七個公司目標，就是成為「全球公民」：

惠普在任何營運其事業的國家跟社區，都要善盡當地的社會責任，成為經濟的、知識的、和社會的資產。

Global citizenship

We fulfill our responsibility to society by being an economic, intellectual and social asset to each country and community where we do business.

簡單地說，沒有客戶就沒有利潤，就沒有辦法盡到社會責任。

以社會企業為創業

鴻海董事長郭台銘曾經說過：「**我不擔心鴻海賺不賺錢，我更擔心的是鴻海的客戶賺不賺**

錢。」我在過去三年輔導新創團隊的時候，經常以這一句話來糾正新創團隊的策略。簡單地解讀就是：**創業就是要賺錢，想要賺錢就要賺有錢人的錢。**

最近創新創業成為顯學，因此許多新創團隊投入以「服務新創企業」為目標的創業模式，例如成立孵化器、加速器、供應鏈媒介、提供財務法律諮詢服務等等。大部分新創企業都缺乏資金和資源，自己都三餐不濟，如何能夠讓其他的人賺他們的錢？因此，我眼睜睜地看著許多「為新創服務」的創業計畫失敗了。

我也輔導過幾個以社會企業自居的創業團隊，他們的目標都是為了「服務弱勢群體」而創業。但是，弱勢群體之所以成為弱勢群體，就是因為他們沒有錢，也沒有資源。想要以弱勢群體為市場，提供服務賺取利潤的，更是難上加難。道理很簡單：想賺沒錢人的錢，是不可能的。所以，國內外很多社會企業都是想辦法為有錢人創造價值、提供服務，產生利潤，再將利潤投入社會服務，善盡社會責任。

那麼這個模式和惠普的做法有什麼不同呢？

以英國為例，他們明確規定「六五%的利潤要投入社會服務」，才能成為社會企業，但即使是惠普，也遠遠沒有辦法達到這個比率。我們來想想：如果新創團隊想以社會企業模式來創業，雖然立意良善，但成功機率非常低。即使稍微有點成果、賺了點小錢，它的六五%利潤仍然無法跟惠普每年投入社會責任的金額相比。

大企業的社會責任

鼓勵年輕人投入社會企業的創業，風險比九死一生還要來得大，所以倒不如想辦法建立「以社會責任為價值觀」的社會文化和企業文化，鼓勵成功的大型企業善盡社會責任。

社會企業利益良善，如同本文一開始所說的，社會企業起源於一九七六年的孟加拉，一個社會窮困的開發中國家。在歐美先進已開發國家當中，雖然也有真正奉獻弱勢的社會企業，但都是規模不大、成不了氣候、影響不了潮流的小企業。**在這些先進國家，都是由中大型企業撥出一部分利潤，以當地公民的身分來盡到社會責任。這股力量，才是社會責任的主流。**

政府打補釘

台灣政府應不應該鼓勵年輕人以社會企業模式創業？我認為答案很清楚。如果目的是要年輕人創業成功的話，那麼應該鼓勵年輕人以賺錢、營利為目標的模式來創業。如果目的是要強化當前社會責任的力量，以求得公平正義、扶助弱勢群體的結果，那麼就應該想辦法發展經濟，讓中大型企業都能夠獲利。另一方面，政府應該建立以社會責任為價值觀的文化，讓有盈餘的中大型企業投入資源，帶頭盡到社會責任，成為社會穩定的主流力量。

如果政府選擇逃避經濟發展，以及建立正確價值觀的問題時，又一味地鼓吹年輕人以社會企業的模式創業，那麼本意良善的社會企業就成了政府打的一個補釘了。

我的回答

一、社會企業的存在，是一個社會文明進步的象徵，應該給予鼓勵與尊敬。

二、不應該鼓勵沒有資源的年輕人投入創立社會企業。社會企業要由公益財團法人轉型設立，才會有足夠的資源來支撐。

三、社會責任的主流力量，應該來自能賺錢、文化根植於「以社會責任為價值觀」的中大型企業。

四、政府應該以發展經濟為優先目標，促使企業有足夠的利潤與資源，參與以社會責任為價值觀的建設和執行。

與其鼓勵學生創業，不如創造更容易成功的環境

有些朋友可能聽過，筆者有「三不（演）講」的原則：一是不為單一企業演講；二是不幫人賺錢而演講；三是不為大學生演講。本文中就告訴大家原因，以及關於「學生創業」的一些思考。

畢竟我是個已經退休的人，二〇一八年十月十日特別在臉書上貼出〈退休之後〉一文，*告訴臉書朋友們，我退休後時間都花到哪裡去了。因為要幫助自己、幫助親人、幫助年輕人，所以身體健康、親人相聚、傳承經驗就成為我的生活重心。

---

* 編注：讀者可參閱：http://bit.ly/2E05xS2，或掃描：

不為單一企業講

在傳承經驗方面，我採取的做法包括：

一、面對面輔導新創團隊；
二、演講；
三、經營社群；
四、寫文章分享；
五、出書。

但是在每次公開演講之後，總會有許多企業來邀請演講，數量之多令我無法應付，只能一一婉拒，這也就是我第一個「不演講原則」的由來。

不為幫人賺錢而講

我退休之後的傳承經驗，都不以營利為目的，因此在輔導新創團隊時，都秉持著「不收費、不投資」的原則。但是，經常都有兩岸的私董會、顧問公司、高大上*的論壇，來邀請我擔任主題演講者。這些活動的收費往往都是天價，可是往往如同把演講者當作生財工具，就像是只用一次的免洗筷，毫無尊重、用過就丟。

我曾經參加過在上海舉辦的一場高大上論壇。因為我正好在上海，就答應擔任演講嘉賓之一。因此主辦單位省了機票、食宿費用，但從頭到尾只有一個年輕工作人員來接待我，中午就發給我一張自助餐券，請我自己到酒店餐廳去用餐。從此以後，我就不再擔任這種論壇的演講嘉賓了。這是我第二個不演講原則的由來。

---

* 編注：「高大上」原為大陸電視劇台詞，全稱為「高端、大氣、上檔次」，常用來形容有品味格調，或作為反諷。

不為大學生講

猶然記得，我一九八九和一九九〇年在美國矽谷惠普總部上班，晚上應公司的要求與安排到聖塔克拉拉大學（Santa Clara University）修習MBA學位。聖塔克拉拉是一家私立大學，學費非常貴，而且它的MBA課程只有晚上才開，主要目的就是讓在矽谷上班的專業人員可以在下班之後到學校來上課。在惠普公司內部就流傳有「聖塔克拉拉幫」（Santa Clara mafia），因為有許多高階主管都是利用工作之餘在聖塔克拉拉大學修完MBA的學位。

除了這些白天上班的專業經理人之外，我的MBA同學也不乏來自兩岸三地的華人學生。這些華人學生來自台灣、大陸、港澳，他們不像在本地上班的老美，學費是自己工作賺取的，他們大都沒有工作經驗，大學畢業後直接來美國念MBA，學費也大部分是靠家人資助的。

當時我年近四十，又在惠普總部擔任高層職務，自然而然成了這些華人學生的老大哥。然而課程中有許多理論和案例必須是有工作經驗的人才能理解的，對這些毫無工作經驗的同學而言，課程內容經常超出了他們能理解的範圍，於是他們經常私下找我來指導。

而今，我的演講題目大都是圍繞著企業的經營管理，我曾經嘗試著去大學跟大學生們演講，結果發現他們能夠吸收的程度非常低，結果「言者諄諄，聽者藐藐」，雙方都毫無成就感。這就是我第三個不講原則的由來。

創業維艱

我在退休後接觸了「創客創業」者，也開始了我義務輔導新創團隊的旅程。過去六年我輔導了五百多個新創團隊，大部分來自海峽兩岸。這些創業者大部分都有豐富的工作經驗，甚至是創業失敗的經驗，然而即使如此，他們成功的機率仍然低於五％。

台灣經濟部對於「新創企業」的定義是，成立不到六年的都算是新創。能夠生存超過六年的新創，依產業別而有所不同，但是平均起來大約也就是五％吧。

大眾創業、萬眾創新

二〇一五年一月四日，是新年後的第一個工作日。正在深圳考察的中國國務院總理李克強來到柴火創客空間，體驗年輕創客的創意產品。在這次考察之後，大陸燒起了一片「雙創」熱潮。民間為了響應「大眾創業、萬眾創新」的呼籲，孵化器、加速器、共同工作空間、新創基地都如雨後春筍般，在大陸各大城市紛紛成立。

影響所及，兩岸的知名大學也都紛紛成立了孵化器或育成中心，鼓勵學生在就學期間就創新創業。有的學校和政府更進一步提供創業補助、貸款、資金等等，讓門檻更加降低，學生創業更加容易。

創業的條件

在海峽兩岸有名的青年導師李開復就曾經說過：「**許多大學生都錯誤地認為：只要有個好的點子，能拿到投資，再加上執著、激情、運氣，就能成為下一個比爾·蓋茲（Bill Gates）或祖克伯（Mark Zuckerberg）。大部分的創業失敗不是因為點子不好，而是因為欠缺經驗，沒有團隊，缺乏執行力——歸根到底，累積比點子更重要。**」

讓我舉一些例子，說明創業成功的企業家大部分都在三十到四十歲之間創業：

一、亞馬遜（Amazon）是貝佐斯（Jeff Bezos）在三十一歲時創辦的；

二、Salesforce.com 是貝尼奧夫（Marc Benioff）在三十五歲時創辦的；

三、Hubspot 是霍利根（Brian Halligan）在四十歲時創辦的；

四、New Relic 是瑟恩（Lew Cirne）在四十歲時創辦的；

五、Nest 是法戴爾（Tony Fadell）在四十歲時創辦的；

六、Gilt Groupe 是萊恩（Kevin Ryan）在三十七歲時創辦的；

七、Knewton 是費瑞拉（Jose Ferreira）在三十九歲時創辦的；

八、可汗學院（Khan Academy）是薩爾曼汗（Salman Khan）在三十一歲時創辦的；

九、Fitbit 是帕克（James Park）在三十一歲時創辦的。

當然也有年輕人創業成功的例子，但是這些新創公司成長到一個程度以後，幾乎都是由資深專業經理人接手。例如：

一、臉書的成長要歸功給桑德伯格（Sheryl Sandberg，現年四十九歲）。

二、Google 的成長要歸功於施密特（Eric Schmidt，現年六十四歲）。

而年輕創辦人在創業成功之後，因為吵架鬧翻而被驅逐出公司，或是被董事會逼宮的案例，更是層出不窮，像是推特（Twitter）、Etsy、酷朋（Groupon）、Tinder等知名新創公司，都發生了創辦人被投資人逼宮的戲碼。即使是在我輔導後取得初步成功的新創企業，也都曾經出現創辦人被投資人逼宮下台的狀況。所以我經常告誡這些創業家，天使投資未必是天使，經常會變成魔鬼。沒有必要融資的時候，不要自找麻煩去融資，只為了讓自己滿足於帳面上的市值數字，後面付出的代價就太高了。

這些新創企業成功的比率差不多五％，請看圖11-1的「創業漏斗」。這些創業成功、具有規模的企業創辦人，大部分都是三十到四十歲

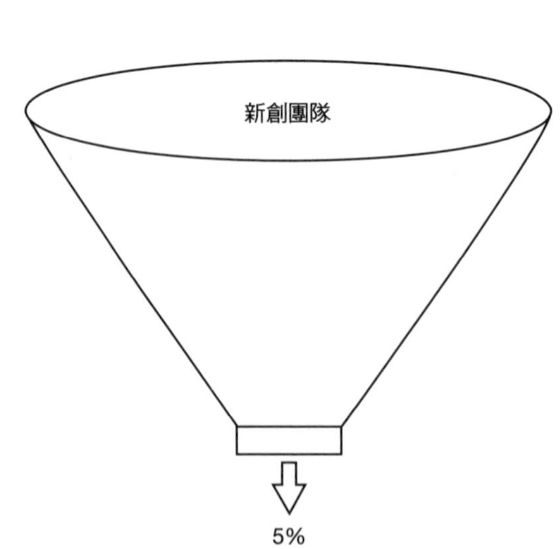

圖11-1：創業漏斗

之間創業，因為這些創辦人都有豐富的經驗、完整的團隊、強大的執行力。

學生創業？

我一向反對學生於在校時期就創業，或是一畢業之後，沒有任何工作經驗就創業。在我過去輔導過的五百多個新創團隊，這些創業者大都是有工作經驗的，失敗的比率仍然超過九成以上。

如今，學校和政府以納稅人的錢，拿來鼓勵學生在校或剛畢業時就創業，把創業的門檻大幅降低，就如同圖11-2的漏斗。漏斗上方的入口擴大了許多，但是漏斗下方的出口仍然一樣小。用一個很簡單的數學原則就能知道：分子

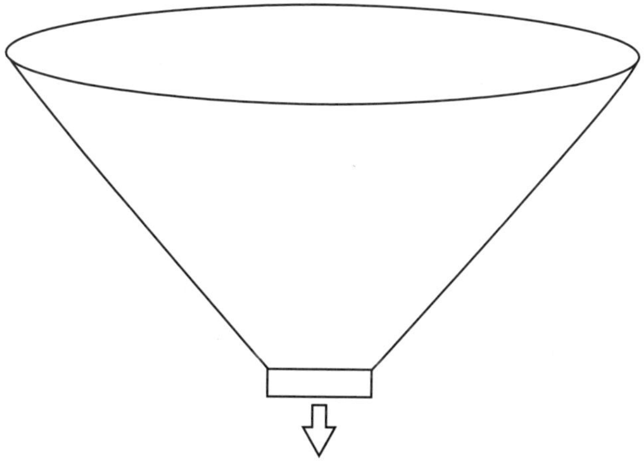

圖11-2：學生加入創業後

不變，分母擴大了許多，那創業成功率就遠遠小於原來的五%了。

過去曾經有許多人邀請我，參加學生創業比賽擔任評審，或是擔任主題致詞，我一概拒絕了，因為我認為沒有豐富工作經驗的學生並不應該創業，**學校和政府更不應該以各種優惠補貼和資金來吸引學生創業**。

那麼學校和政府在創新創業上面應該做些什麼事呢？學校應該鼓勵學生，要有動手、創新的精神，在技術、產品上面可以舉辦各種競賽和評比，但是不要設立育成中心鼓勵學生創業。至於政府，應該召集專家學者討論，並且把寶貴的資源花在解決「創業漏斗下端出口太小」的問題，也就是說，政府的責任在於創造一個「創業容易成功」的大環境，而不是鼓勵學生去創業。

結論

我在二〇一三年開始參與兩岸的創客運動，並於二〇一三年底在北京舉辦的「ＭＤＣＣ移動開發者大會」中做了專題演講，題目是「創新來自長尾，創業源於創客」。在這個演講裡，我傳遞給參加者的主要訊息有兩點：

一、創客未必要創業，創客是有創新想法，並且願意動手把這些創新想法實現的人。所以說，創客是一種生活方式、是一種文化，必須由政府和學校從教育開始來推動，但是不能夠以經濟指數、產值或GDP來衡量。

二、創業要成功，就必須要有創新的技術、產品、商業模式。如果創客願意創業的話，那麼成功的機率自然會提高。

而政府必須要有好的、有競爭力的產業政策，來規劃、構建一個成功的產業生態鏈，這樣一來，在其中創業的成功機率自然就會提高了。

學校必須從教育著手，建立起動手、創新的創客文化和生活方式。而政府則必須規劃「具體可行的產業政策」和「生態系統」。這才是解決「創業漏斗出口太小」的問題，同時提高創業成功機率的有效方法。

12 治國如治理企業：領導者必須建立共同的價值觀

價值兩極化的社會

一個社會要穩定發展，必須要有一個堅實壯大的中間階層。學過統計學的朋友都知道，當一個樣本數目夠大的時候，它的分布一定會是一個常態分布，就像一個倒扣的鐘形。

一個社會或一個國家，最重要的就是要有一個共同的價值觀。如果這一個共同的價值觀存在的話，那麼議題不管怎麼樣改變，人數的分布一定是一個符合統計學的、漂亮的常態分布圖。

就拿台灣目前的情況作例子。在二維象限的圖上，假設縱軸是人數，橫軸是政治傾向，政治傾向是藍的靠右邊，政治傾向是綠的靠左邊。只要台灣有一個共同的價值觀，那麼這個分布一定是一個倒扣鐘形的常態分布圖。

這個平均值就是中間選民，不藍不綠。藍的綠的能夠拉動多少中間選民，決定了這個倒扣鐘型的高度，也就是扁平度。如果大多數人藍綠政治傾向明顯的話，那麼這個倒扣的鐘型就會比較扁平，但中間選民仍然是存在的，所以這個常態分布圖還是完整的。

如果社會沒有一個全民共同信仰的價值觀的話，那麼這個倒扣鐘型的常態分布圖，就不能保持完整了。它會變成雙峰的、兩極化的、分裂的圖形。這個時候，中間分子就不見了。無論是什麼樣的議題，只要台灣沒有一個共同信仰的價值觀，中間階層就會消失或隱形，那麼這個社會一定會動盪不安、發展停滯。

我們可以把橫軸的政治傾向，換成統獨、貧富、勞資、挺同反同、挺或反一例一休、挺或反年金改革、挺或反轉型正義等等。此時我們都可以發現，中間分子漸漸消失，原來應該是堅實多數的中間分子反而成為少數了。

最可怕的是，台灣的善與惡也已經走向這種雙峰、兩極化的現象。

善惡兩極化的社會

在上個世紀五〇、六〇、七〇年代，我還是個小孩，那時經濟狀況普遍不好、家庭收入不高，因此有餘錢可以拿出來行善的人，相對於今天也比較少。今天各種公益慈善團體到處都是，慈濟功德會、法鼓山、中台禪寺、佛光山等各種宗教團體，輔導偏鄉弱勢、助老扶殘等各種公益團體，都非常活躍。信眾們或志工們有錢出錢、有力出力，盡心盡力地行善積德。比起四五十年前，其中的進步和發展之大，非常令人感動。從這裡我可以看到台灣善的一面。

反過來看看台灣惡的一面。在我小時候也有黑社會幫派存在，行兇作惡的人也是有的。但是當時真的是「盜亦有道」的年代，那時作惡的人大部分是因為討生活不易，為了生存而取巧加入黑道。他們所犯的事，頂多就是打架鬧事、雞鳴狗盜之類的小惡行。今天台灣的社會，行惡的人所行的惡事，遠比五十年前殘忍兇惡無數倍。欺善凌弱、骨肉相殘、強迫幼小的子女跟著自殺、砍父殺母、兇殘成性到要把人頭砍斷，這與伊斯蘭國（ＩＳＩＳ）有什麼不同呢？而台灣牽扯到電話詐騙的人數，也足夠讓人瞠目結舌。不但在台灣行騙，而且還輸出到全球各地。這個是在我小時候的年代所未能想像的。行車糾紛，夜店打群架，許多年輕人的脾氣越來越暴躁，只要被瞪了一眼，被按了一聲喇叭，就可以刀棍相向，欲置人於死地。

這種善惡兩極化的現象越來越明顯，究其原因，有人歸咎於教育，有人認為是家庭，有人認為是經濟，有人就說是現代社會現象。我則認為，是**台灣社會缺少一個共同的價值觀，造成了中間階層的消失**，讓所有議題都呈現雙峰、兩極化，因此台灣的社會動蕩不安，發展停滯，甚至倒退。

一個完整的常態分布圖有很多好處，中間階層的力量非常壯大，形成穩定社會的堅實基礎。價值觀必定是推動老百姓往善的方向走，因此獎勵表揚可以產生一個「拉」的力量，把整個分布圖往善的方向拉動。對於惡的行為予以法律懲處或輿論指責，就可以產生一個「推」的力量，讓整個分布圖遠離惡事，往善的方向移動。

推與拉的力量

一旦形成雙峰、分裂的分布圖，那麼堅實壯大的中間力量就消失了，也無從產生「推」、「拉」的力量讓整體社會向上提升。矛盾敵對的雙峰，只會揚惡隱善，混淆是非，讓整個台灣社會向下沉淪。

日前發生在台南的八田與一銅像遭砍一事，*是很明顯的一件惡事，就如同發生在台灣各地的孫中山和蔣介石銅像遭到破壞的事一樣，都是惡事。事後，台南市長賴清德寫信給八田與一的長孫家人及日本相關友人，說明事情發生與處理破案過程，對於原訂每年五月八日舉行的祭祀儀式勢必延遲感到抱歉。這其實是好事，是一件對的事。

可是由於台灣社會沒有一個共同的價值觀，形成這種雙峰對立的現象，中間階層又消失了，因此有人故意撕裂族群、製造對立。對方的善，一定要把它說成惡，己方的惡，則模糊焦點而不提。

二〇一六年六月，網路上有一篇文章在瘋傳，內容寫著教育部要求建中校長，要撤下校內紅樓掛的「禮義廉恥」牌匾，遭到建中校長拒絕，透過網路分享的力量，不少民眾都看過這篇文章，引發爭議。經過求證建中校長，校長表示根本沒有接收到教育部的指令，一切都是子虛烏有。被點名的教育部也無奈表示，網路流言惡意中傷，讓這個月來教育部湧入不少抗議言論。

姑且不論這件事情的真假，「禮義廉恥」是屬於共同價值觀的一部分，如今都有人想要藉著消滅價值觀，讓雙峰、兩極化、矛盾對立的現象更加激烈。換句話說，就是要消滅中間階層的社會穩定力量。

領導者必須建立共同的價值觀

今天的台灣，不管是藍綠執政，都需要一個有遠見、有魄力、有執行力的總統，來為台灣建立所有人民共同信仰的價值觀，重新建構起常態分布圖，重新建立一個堅實、強大的中產階級和中間階層，才能保證台灣社會的穩定發展。反觀今天的政府，無思建立起一個共同的價值觀，融合社會。反而製造各種議題，進一步撕裂社會，消滅中產階級或中間階層，如此一意孤行，只會讓社會更加動盪混亂。

原來寄望公民正義或時代力量，能夠擔負起這個責任，扮演起融合的角色，提倡一個台灣社會能夠接受的共同價值觀，以治癒目前分裂的社會現象。以目前第三勢力的表現，看起來又是一場失望。

我一向認為自己是一個中產階級、中間知識分子，是穩定社會力量的一分子，在今天紛紛擾擾的社會現象裡，我希望能夠扮演好自己中間階層的角色，透過我的網路朋友們，重建中間階層的穩定力量。

---

* 編注：此事件發生於二〇一七年四月十五日。

企業管理亦如是，**企業的價值觀和企業文化，是穩定企業不斷發展的基礎**。勞資之間的矛盾、市場競爭的規則、營收與獲利孰重孰輕、不同事業單位之間的競爭、部門之間的合作等等，都需要一個共同信仰的企業價值觀。

什麼是企業文化？在有企業價值觀的前提下，相信這些價值觀的員工自然會形成一個常態分布圖，越往價值觀的平均值靠攏，企業文化的力量就越大。一個企業如同一個社會，需要一個堅實強大的中間階層，沒有共同信仰的價值觀，就很難形成這個堅實強大的中間階層。

治大國如烹小鮮，企業經營也一樣。走對方向，抓住重點，注意細節，如此而已。

13 選賢也要選能：改善「治理能力」是提振民主效率的良方

最近台灣的選舉和施政結果，凸顯了一個問題：透過民主制度勝出的候選人，往往並不具有適當的治理能力。治理能力不足而又贏得選戰的人，往往會有來自選票的盲點，認為自己無所不能。這個問題的可能解法，則是建立超然獨立的「國家治理能力」培訓機構。

我在文章中甚少談政治，因為我是個正牌的「芋頭蕃薯」，*常常自認是中間選民。我的好朋友們藍綠都有、兩岸兼容，所以為了不引起爭議，盡量避免寫政治話題。

在好朋友聚會時，我原本經常不知道如何參與這些政治議題的討論，幸好經過多年沉澱，

* 編注：有一說，早期因台灣本島的形狀類似蕃薯，故台灣人常以台語「蕃薯仔」自稱，相對地以「芋仔」（即台語之芋頭）稱呼外省人。本省人與外省人通婚的子女則被稱為「芋頭蕃薯」。

每一個圈子都自然演化為「同溫圈子」，只要知道圈子的顏色，就不用擔心說錯話。有時候朋友也會開玩笑，說我是「牆頭草，風吹兩面倒」，但這種身分也為我帶來了一個好處：雙方的立場都能理解，雙方的言論也都聽得進去，而且覺得都有道理。

即使每個月聚餐一次，同窗情誼已經超過半世紀的初高中「綠色」同學會，最近也因為挺柯反柯、地方選舉慘敗，而經常出現「綠色茶壺裡的風暴」。幸好大家終究是擁有堅強革命感情的基礎，在爭吵進入白熱化之際，總有還沒喝醉的同學跳出來打打圓場、轉移話題。台灣喝酒文化中最精采的，也是許多人詬病的「勸酒」，在這個時候就發揮了正面作用：酒杯一舉、大聲吆喝「來、來、來、來」，一杯乾下肚，立刻換了話題，「同學同志」情誼依舊。

扶老攜幼排隊投票

二〇一八年十一月二十四日我起了個大早，做完全套運動之後，十點左右趕到投票所，排了一個多小時的隊，把公民的義務盡了。下午趕去台大管理學院為EMBA基金會演講。即使是選舉投票日，仍然來了近三百人聽我講的「企業致勝與企業文化」。

早上投票時，長長的排隊人龍中不乏白髮蒼蒼、拄拐杖、坐輪椅、兒女扶持的長者，也不乏攜子帶幼的年輕夫妻，頂著大太陽，一邊排隊，一邊和左鄰右舍熟人打招呼，還一邊跟小孩子們解釋什麼是民主投票。奇怪的是，排隊的這個時候，反而沒有人在談政治，沒有人在談藍綠和統獨。偶爾有人剛到，問及是否正確的隊伍，遙望人龍的尾巴，嘴裡碎念兩聲之後，仍然排隊去了。

這個號稱是對蔡英文政府期中考的地方縣市長選舉，終於以執政黨慘敗來收場。

領導國家和縣市與經營企業

縱觀蔣經國總統以降，歷經李登輝、陳水扁、馬英九，到今天的蔡英文總統，台灣的經濟發展每況愈下，老百姓的不滿也日益嚴重。許多人都在問：「台灣式的民主制度是不是出了問題？」其實，民主制度是人類歷史上最偉大的發明。它使人類脫離了動物群聚的本性、訴諸武力統治的模式。台灣不流血的民主化進程，更是全球的典範。

就如同企業由盛而衰，問題仍然在「策略」、「管理」、「價值觀」上出現了失誤，而這三者都是由手握權力的「人」所決定的，所以**與其說是「制度」的，還不如說是「人」的問題。**

在《禮記．禮運大同篇》中就已經提到，政府治理要「選賢與能」，以今天的話來說，就是要選出**人品道德**與**治理能力**俱佳的人選。

人之為人，難免會有七情六慾的時候，也極難避免「貪瞋痴慢疑」五毒的侵蝕。在人品道德方面，縱使選舉時沒有問題，也不能保證權力在握時會產生變化，因此，必須靠輿論和制度來監督約束。

國家領導人的治國能力，則是影響國家興衰——尤其經濟發展——的一個關鍵。治國能力就如同企業經營管理能力，並非與生俱來的，是必須經過學習、培養而成的。

大陸的人才在政府，台灣的人才在企業

台灣經過解除戒嚴、黨禁、報禁的過程，更進一步於一九八七年開放兩岸探親。

我有一位企業界的前輩，當時立即動身前往中國大陸，進行長達一個月的考察行程。北京、上海、廣州是必去的，還走訪了幾個二線城市，接觸對象包括了政府官員和國企領導。他回到台灣之後，我就抽空去見他，請益此行的見聞。讓我印象最深刻的一句話，就是他對海峽兩岸人才比較的總結。他說：「**中國大陸的人才在政府，台灣的人才在企業。**」

當時聽到這句話，雖然印象很深刻，但並不是非常明白其中的道理。總覺得當時的中國大

陸是社會主義計劃經濟，一切都是國有。這麼大的國家，能夠成為政府領導人，肯定是菁英中的菁英。而台灣經濟發展的騰飛，成為亞洲四小龍之首，主要是靠著台商在全球打拚，才能取得傲人的成績，若以成果論，台灣企業家必然是人才中的菁英。

三十年後的理解

因緣際會之下，我從一九八八年開始了長達二十五年的跨國企業海外派駐生涯，其中長達二十年是常駐在中國大陸。在我派駐海外期間，對於中國大陸有了深入的認識，見證了從改革開放初期的百廢待舉，到今天成為全球第二大的經濟體，其間的變化不可謂不大。在派駐海外期間，每年只有少數幾次回到台灣探親度假，使得台灣反而成為我最不了解的家鄉。

二〇一二年六月底，我正式從職場退休，自此之後定居台灣，重新融入台灣民主自由開放的社會。退休後的六年半，經過各種同溫層*圈子的洗腦、電視台名嘴的轟炸，各種大小選

---

* 編注：「同溫層」（stratosphere）原為氣象用語，在台灣後來改稱為「平流層」。目前在網路上廣泛使用的「同溫層」一詞，是指在社群網站興起後，由於演算法的緣故，造成人們在網路上大都只接觸到和自己擁有相似立場、喜好與價值觀的人，容易忽略與自己立場不同的觀點，而誤以為社會上大多數人都跟自己有相同的想法。

舉、公投、政黨輪替之後，一九八七年企業前輩的那句話又浮現在腦海裡。這一次，我似乎摸索到了真正的「原因」。

大陸政府體系的人品道德與治理能力

自從大陸改革開放後，經濟高速成長，老百姓的收入和生活確實獲得很大的改善，但是貪腐問題始終如影隨形，擺脫不了。隨著習近平上台後加強打貪的力度，貪腐的層級和規模一再刷新紀錄，令人咋舌。很明顯地，大陸政府領導的問題出在人品道德，但是改革開放、經濟成長的結果，則源自政府官員的治理能力。

關於人品道德的問題，或許可以歸咎於十年文革，以及大陸價值觀的淪喪。而強大的治理能力，卻來自於大陸政府重視培訓和逐步提拔晉升所帶來的工作歷練。

由於一黨專政，大陸政府和國企一直有所謂的雙軌管理制度：擔任行政職務者的培訓，由國家行政幹部管理學院負責；擔任黨組織職務者的培訓，則由黨校和團校負責。

早在一九九六年，大陸政府即著手進行政府和國企領導人的ＭＢＡ課程培訓，課程內容包含大量最新的經營管理實務和理論，連哈佛商學院（Harvard Business School）教授麥可．波特（Michael Porter）的《競爭策略》（*Competitive Strategy*）和《競爭優勢》（*Competitive Advantage*）兩本書都排在課程裡。

政府官員的提拔和晉升，更是宛如企業一般。除了工作單位的考核推薦之外，還要經過共產黨組織部的考核、建議與監督，就像企業的人力資源部門一樣，以確保官員晉升必須經過的培訓和歷練，循序漸進。

台灣政府體系的人品道德與治理能力

在台灣民主選舉制度下運作的政府體制，政府機關的公務員升遷也遵從相同的運作模式，但地方和中央政府的首長、縣市議員和立法委員，則是經由民主選舉產生。

對於政府首長的人品道德，有輿論和嚴密的監管制度來監督和確保，但是在選舉期間，候選人的人品道德則成為選舉攻防的焦點。因此抹黑、造謠、假新聞和各種陰謀論就層出不窮。在治理能力方面，由於民主選舉制度的關係，選戰贏者就可以一步登天、一夕成名，治理能力反而不會得到選民的關注，也因此，與之有關的施政方向與政見就成了不重要的陪襯。

從李登輝之後的台灣總統和地方政府首長的政績不振、經濟下滑，都與其治理能力、培訓、歷練不夠有很大的關係。因為，只要選贏了，毫無行政和經營管理經驗的律師、教授、黨務人士就可以擔任政府的首長，沒有人會去質疑他們的能力和經驗是否能夠勝任這麼重要的職責。試想一下，一個跨國企業的董事長或執行長，由一個毫無訓練和歷練的人來幹，企業所承擔的風險有多大？更何況是一個國家的總統或城市的市長。

台灣應重視、培養治理能力

類似中國大陸的企業經營模式，只有在一黨專政的情況下才能辦到。台灣是個民主國家，政府首長必須經由民選產生，當然不可能像中國大陸一樣，透過考核、提拔、晉升循序漸進，因而擁有適當的治理能力。但是，政黨可以學習企業對人才的培育方式，提升自家政黨推舉人選的治理能力。

時下的台灣，不僅是大學名校紛紛成立ＥＭＢＡ班，連公協會、媒體、人力資源、審計、顧問等規模較大的公司都加入這個浪潮，成立「商學院」、「ＣＥＯ學院」，為企業的轉型升級和接班培訓人才。可是關係著國家發展和萬民生計的總統、縣市首長的民主選舉候選人的治理能力，卻沒有得到應有的重視，豈不奇怪？

台北農產運銷公司（一般簡稱為北農）前總經理吳音寧，由於沒有受過企業經營管理的訓練與歷練，因此被封為「年薪兩百五十萬的實習生」，原因就是政治任命。政治任命並不會將治理能力直接灌輸給被任命的人，同樣地，選票也不會灌輸治理能力給贏得民主選舉的候選人。相反地，選票往往會使贏得選舉的人自我催眠，真的以為自己無所不能。

組閣與創業團隊

我一再強調，創業與就業的差別就在於「就業是靠自己的長板，創業則是玩自己的短板。」*

贏得選戰的政府首長，可以透過組閣延攬人才，加強自己的施政和治理能力，就如同創業者可以延攬人才，組成自己的創業團隊。但是，先決條件是創業者自己必須具有一定程度的「能力」，然後很清楚知道自己的短板是什麼，才能延攬與自己專業、資源、個性、能力互

＊編注：在大陸，經常把人的優點稱為「長板」，把人的缺點稱為「短板」。關於「就業要靠長板，創業要補短板」，讀者可參閱《創客創業導師程天縱的專業力》書中，〈策略規劃之四：創業團隊的「核心能力」和「核心競爭力」〉一文。

補，同時又有共同價值觀和願景的創業團隊成員。

對於治理能力不足而又贏得選戰的人，選票經常會讓人出現盲點，看不到自己的短板，以酬庸形式組閣，造成將來施政失敗、忽視民意、無法連任的結果。

補救之道

民主制度下，人品道德有輿論和制度來監管，可是同樣重要的治理能力卻沒有得到相應的重視。如果台灣可以由獨立於政府和政黨之外的機構，組織類似EMBA之於企業的「國家治理能力」培訓課程，並得到政府、政黨、社會的支持，凡是參與民主選舉的候選人，必須經過此機構的培訓與認證，則民主選舉制度的風險必將大幅降低。

結語

在我四十年的職涯中，始終堅持學習與創新。凡是訂了目標要執行的任務，我總是分三個步驟去達成，因為我曾受過「欲速則不達」的教訓之苦。

一九八七年中華民國政府宣布解嚴，一九九一年國民大會全面改選，一九九二年立法院全面改選，一九九六年首次總統直選。台灣在總統直選後，可以稱得上由威權體制進入民主制度，距今也將近二十三年，早已過了「有」的階段，但仍然稱不上「好」。

這次地方選舉，民意翻轉使得執政黨慘敗，大家都在檢討原因。不管是執政黨或是在野黨，都仍然糾結在意識型態的是與非上，也就是仍然在要求民主制度要更「好」的階段。政黨已經輪替兩次了，眼看著又是另一個輪替的前兆出現，兩黨仍然在互相攻訐，爭辯誰對台灣比較好。

我對這次大翻轉的解讀是，選民已經對這個「好不好」的階段厭倦了。選民們關注的、要求的，是**究竟民主選舉制度對經濟發展和萬民生計「有沒有效」**？而民主選舉制度有沒有效，歸根究柢在於政黨是否推出「賢」與「能」的候選人。過去二十多年，兩黨始終陷落在意識型態，以及候選人是否具備高超人品道德的漩渦裡，卻忘了「有沒有效」的另外一個重要因素，是候選人有沒有治理能力。

三十多年前，我的前輩說「台灣的人才在企業」，當年的企業人才都已垂垂老矣，卻仍然緊握產業資源牢牢不放。而同樣的情況，也發生在台灣的政黨政治裡。

企業界已經認識到人才培養與接班的問題，關係到企業的生死存亡，也因為如此，

EMBA班如雨後春筍般地到處萌芽壯大。唯有透過學習、培養、歷練、經驗，才能出現禁得起挑戰與考驗的企業人才。

在華人世界裡，台灣是唯一擁有傲人民主選舉制度的地方。我也希望有一天，我們都可以向全世界驕傲地說：「台灣的人才不僅僅在企業，也在政府。」

Part 2

行動
深究工作及其他

14 「我在中國惠普的六年」故事一：普克德先生與中南海茅台酒

前言

中國二〇一六年GDP為一一．二兆美元，位居全球第二，僅次於美國的一八．六兆美元，但是仍然遙遙領先第三名日本的四．九兆美元。中國的經濟實力正在不斷增強。中國乃文明古帝國的唯一倖存者，也是世界第一人口大國，是擁有完整基礎工業的世界第二大經濟體，國土面積世界第三（實際控制土地面積不如美國）。

中國是世界上僅存的三個社會主義國家之一，體制的僵化一定程度上限制了國家的發展。中國的經濟，整體上仍然處於世界產業鏈的中下游，阻礙了自主研發與產業升級。此外，人均

ＧＤＰ仍然低於世界平均值，而且國土東西部有發展失衡的情形。

中國整體上來說人口品質不盡出色，而且缺乏優生保護法。計劃生育使得出生率下降，老齡化日趨嚴重。雖然軍事實力有待驗證，但早期奠定的工業基礎，使得中國還是有相當大的發展潛力。

回顧我初到北京任職中國惠普總裁的一九九二年，中國的ＧＤＰ以四千九百一十億美元排名全球第九，但在短短二十四年之後，ＧＤＰ成長了接近二十五倍。海外媒體的報導，總是以偏頗的角度來看中國的改革開放和發展，但中國能夠在短短二十四年當中，讓ＧＤＰ成長了二十五倍，卻是不爭的事實。那麼，中國是怎麼辦到的呢？

我有幸在一九九二到一九九七年擔任中國惠普總裁，在北京以近距離親身經歷的角度，見證了中國的改革開放。這裡就將發生在這六年當中的一些小故事，跟讀者們分享，希望台灣可以從中參考一些經驗，從而走出經濟困境，重新成為亞洲的經濟小龍。

故事一

我在第一本書裡的〈「四兩撥千斤」的三個管理小故事〉這篇文章裡提到，我在一九九五

圖14-1

年中邀請惠普創辦人之一大衛・普克德（Dave Packard）先生到北京訪問，當時普克德先生已經高齡八十三歲。

這次行程之中有兩個重要活動：第一個是跟中國惠普員工交流，並且為他所寫的《惠普之道》（*The HP Way*）中文版，辦個員工簽書會。由於機會難得，中國惠普北京總部的員工幾乎到齊了，排隊等著簽書的有兩三百人。普克德先生的女兒考慮到父親的年齡及身體狀況，勸他不要簽了，還是回酒店稍事休息，準備參加下一個重要的行程。普克德先生抬頭看了看排隊的長龍，回頭跟他的女兒及孫子女說：「你們先回去酒店休息吧，我還要在這邊待一陣子，把員工們的書簽完，再回去酒店。」從這一點就可以看出惠普企業文化在普克德先生身上展現無遺。

接著傍晚安排的活動是，中共總書記江澤民先生在中南海瀛台接見普克德先生一行，包括普克德和他女兒、惠普洲際總部總裁亞倫・貝克爾（Alan Bickel）、亞太區總裁Lee Ting、中國惠普第一任總裁劉季寧博士和我，會後共進晚餐。

瀛台與紫光閣

我住在北京的六年時間裡，有許多次機會能夠進入中南海拜會中央政府領導人。最常去的地方就是中南海瀛台和紫光閣。（見圖14-2）

中南海位於北京紫禁城的西邊，是中國國務院、中共中央書記處，以及中共中央辦公廳等重要機關辦公所在地。中華人民共和國成立後，歷代黨和國家領導人都會住在這裡。中南海被視為中國共產黨和中華人民共和國政府的最高權力象徵，占地一百公頃，其中水池面積約五十公頃。

圖14-2

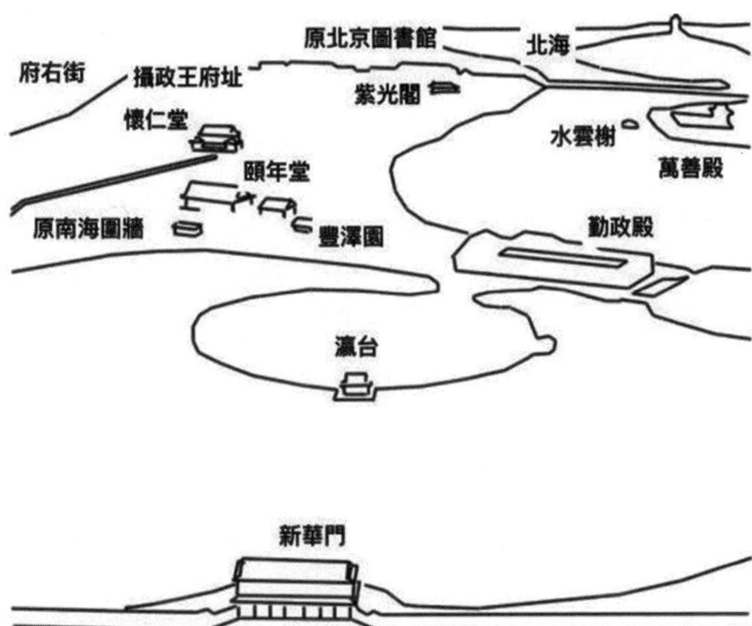

資料來源：維基百科（Wikipedia），由「火箭科技評論」重製。

瀛台位於南海中的小島上。公元一四二一年，明成祖朱棣遷都北京，建造明皇宮及「南台」（瀛台）。一六四四年九月，清廷自盛京遷都北京，一六五五年六月，清順治帝取「人間仙境」意，將明朝的南台改稱為「瀛台」。

一六八一年七月，清康熙帝「瀛台聽政」，康熙皇帝在這裡研究制訂平定內亂的國家方略。一七二六年夏，少年乾隆於瀛台「補桐書屋」讀書，著《瀛台記》。瀛台島北邊有石橋（瀛台橋）與岸上相連，橋南為仁曜

圖14-3

門、門南為翔鸞閣，正殿七間、左右延樓十九間。再南為涵元門，內為瀛台主體建築「涵元殿」。

一八九八年八月，光緒帝戊戌變法失敗後，即被慈禧太后幽禁於瀛台的涵元殿，隨後被毒死，裕德齡所著的《瀛台泣血記》中有詳實紀載。現在，瀛台已經成為中共總書記舉辦重大宴會及招待活動的場所。

紫光閣位於中海西岸北部，閣高兩層、面闊七間，單檐廡殿頂，黃剪邊綠琉璃瓦，前有五間卷棚歇山頂抱廈。明武宗時為平台，台上有座黃瓦頂小殿。明世宗時廢台，修建紫光閣。清康熙時重修，成為皇帝檢閱侍衛比武的地方。乾隆二十五年（一七六〇年）和四十年（一七七五年）兩次增建，懸掛功臣圖像及各次戰役掛圖，並陳列繳獲的武器。一九四九年中共建國後，改建為國事活動場所。

只有國家最高領導人，在當時就是中共總書記江澤民先生，才能在中南海瀛台接見和宴請重要外賓，其他的國家領導人接見外賓，都是在中南海的紫光閣會見。因此，能夠進入中南海瀛台是非常難得的。

普克德先生造訪瀛台

由於江澤民先生是上海交通大學電機系畢業，又曾經擔任電子部部長，對於電子高科技產業非常熟悉。中國惠普的成立，還是源自於一九八三年他到美國訪問惠普公司總部時，和普克德先生共同簽訂的合資協議書。因此江澤民先生對於普克德先生的到訪非常重視，特別安排在中南海瀛台接見，隨後宴請普克德先生一行。我也很榮幸地陪伴參加了這次活動。

我們一行由中南海西門進入，到了中南海瀛台的涵元殿前，江總書記已經站在門口等待我們。在安全人員打開車門的時候，江總書記快步迎上去扶著普克德先生下車。普克德先生和江

圖14-4

總書記握手過後，回過頭來招呼我們一行人，一一為江總書記介紹。隨後江總書記握著普克德先生的手，一起步入涵元殿。賓主就坐以後，聊起以前見面的往事，彷彿時光倒流。

擔任江總書記翻譯的是當時電子部外事司長張軒，而擔任普克德先生翻譯的就是我。因為普克德先生已經八十三歲了，所以講話彷彿喉嚨含個雞蛋，有點含糊不清，我因為已經先跟著他幾天了，所以還能聽得懂他說的話，可是這個就難倒了張軒。徵得江總書記的同意，我就擔任了雙方交談的唯一翻譯官。這次的翻譯任務，可以說是我這一輩子最艱難的一次，除了過去的老故事以外，江總書記介紹了瀛台的歷史和中國古建築的亭台樓閣，而普克德先生談的是他最感興趣的海洋資源和三千米下的深海探勘。

茅台酒與其他

中南海瀛台是個四合院一樣的古建築，晚宴就設在涵元殿右側的廳房，可以看見南海。廳房不大，擺不下一個大圓桌，因此都是用長條桌，只能供十個人舒適用餐。

這麼重要的晚宴，當然要喝點酒助興，中南海宴請時所飲用的酒，只有貴州茅台。茅台酒是一種醬香型大麯白酒，生產於貴州省仁懷市茅台鎮，被稱為「國酒」。為什麼中南海只能提供茅台酒呢？或許是因為一九四九年的開國大典，周恩來確定茅台酒為開國大典國宴用酒，從此每年國慶招待會都指定用茅台酒。

又有一說，中南海瀛台只提供茅台酒的歷史典故如下：清乾隆十年（一七四五年），貴州總督張廣泗帶馬幫攜酒進京，於西苑（今中南海）瀛台覲見乾隆皇帝，奏請疏濬赤水河，乾隆以開修河道花費頗巨婉拒。張廣泗適時獻上茅台燒春，開壇滿殿生香。乾隆飲後大悅：「蓋黔人善釀，風土所宜，其馥香幽郁而味甘之極，非他類可比也。」遂將茅台燒春列為歲貢。

次年（一七四六年）春夏，赤水河通航，商賈雲集，酒業興盛，釀技精進。實乾隆帝功炳千秋萬代。同年中秋，乾隆帝於瀛台設宗親宴，行家人禮，用茅台燒春酒大宴皇親國戚，主賓皆為其甘美如痴如醉，乾隆帝趁興曰：「如此佳釀，名為茅台燒春，似嫌流俗，難登大雅之堂。今賜宴於瀛台，何不以世祖順治先帝之御名，更名為瀛台酒？」

隨即御筆題寫「瀛台」二字，令刻石碑立於瀛台島上，並令宮廷畫師張鎬繪〈瀛台賜宴圖〉記其勝，鈐「三希堂精鑒璽」，存養心殿三希堂收藏。令景德鎮官窯製帝王黃扒花福壽桃梅瓶，與胭脂紅扒花西洋蓮梅瓶一對盛瀛台酒，分存皇帝寢宮養心殿和皇后寢宮長春宮鑒賞。由此，瀛台酒成名。御名、御筆、御宮、御瓷、御酒，瀛台酒以「五絕」名揚天下。

說來有趣，雖然貴州茅台被封為國酒，但是我卻不太喜歡醬香型的白酒，尤其是茅台，我比較喜歡的是濃香型的白酒。濃香型，又稱瀘香型，以瀘州老窖特麴為代表。濃香型中特別有名的，還有四川宜賓出產，用小麥、大米、玉米、高粱、糯米五種糧食發酵釀製而成的五糧液。此外，我也喜歡濃香型的古井貢酒。古井貢酒產自安徽省亳州市，是亳州地區特產的大麴濃香型白酒，有「酒中牡丹」之稱，是中國八大名酒之一。

除了濃香和醬香兩型之外，清香型是以山西汾酒為代表。蒙牧型白酒則以馬奶酒為代表。兼香型就是兼有濃醬雙香，比較有名的有郎酒、董酒、西鳳酒，另外還有八種不同香型，我就不介紹了。這些酒的口感，在我看來也都是一般般。

除了濃香型的白酒以外，我還非常喜歡湖南的「酒鬼酒」。馥郁香是酒鬼酒獨創、獨有的香型，所謂二者為兼、三者為復，馥郁香就是指酒鬼酒兼有濃、清、醬三大白酒基本香型的特徵，一口三香：前濃、中清、後醬。

為什麼我特別喜歡濃香型的白酒？或許是因為在一九八四年我為台塑集團在桃園南崁建立第一座印刷電路板（printed circuit board, PCB）工廠以後，經常接到王永慶先生的邀請，到台塑大樓十三樓招待所參加晚宴。當時王永慶先生最喜歡，而且經常喝的，就是濃香型的江蘇大麴酒，有雙溝大麴和洋河大麴兩種。我第一次喝到大陸的白酒，就是在台塑大樓招待所品嚐到的濃香型江蘇麴酒。每次參加王永慶先生宴飲，江蘇麴酒都是無限供應。王先生知道我喜歡，還特別送了幾箱給我。

可是在中南海瀛台喝到的茅台酒，卻完全不是我所熟悉的醬香型茅台酒。我相信中南海瀛台所飲用的茅台酒，一定是頂級中的頂級，在古時候就是特選用來給皇帝進貢的酒。其醬香突出、幽雅細緻、酒體醇厚、回味悠長、清澈透明、色澤微黃，反倒令我感到比濃香型的五糧液還要好喝。

在晚宴一開始的時候，江總書記就特別交待我，剛剛在會見的時候，翻譯工作太辛苦了，所以在晚宴輕鬆的情況下，江總書記自己用英語和普克德先生交談，要我好好享用美食，多喝幾杯茅台。既然主人如此說，我也就不客氣地喝了不少杯中南海瀛台獨有的茅台酒。

晚宴就在賓主盡歡的情況下結束。在結束之前，普克德先生向江總書記承諾，返回美國之後，要提筆寫下他與中國大陸在過去二十年發展出的友誼和許多故事，然後出版發行，作為他的第二本書。同時約定好在一九九六年夏秋之際，普克德先生還要到北京來拜訪江總書記，再次把酒言歡。希望屆時這本書已經寫好出版了，會親自送給江總書記一本。

故事一總結

總結這次中南海瀛台的拜會和宴請，令我印象深刻的四件事。

第一，是中國改革開放的大策略是緊抓科技趨勢，因此鄧小平提出了「科技是第一生產力」的口號，並且以高科技產業為招商引資的優先目標。江澤民是上海交通大學電機系畢業，朱鎔基則是清華大學電機系出身，相較於一般領導人物，算是對技術比較內行的人。

第二，是江總書記對於電子產業的了解，和對普克德先生的尊敬，令我身為惠普陪同的一員備感榮幸。

第三，是普克德先生「以人為本」的精神。即使在拜會中國最高領導人的時候，仍然不卑不亢，隨時關心照顧隨行的我們。

第四，當然就是中南海瀛台所提供的貴州茅台酒了。

15 「我在中國惠普的六年」故事二：中國惠普的誕生

前言

一九九五年普克德先生結束中國訪問返美之後，有沒有自己提筆寫下他與中國的故事，我不得而知，但其後他的健康每況愈下，終於在一九九六年三月二十六日辭世。而惠普公司的另一位創辦人比爾．惠利特（Bill Hewlett，全名為William R. Hewlett）先生，後來也在二〇〇一年一月十二日逝世。至此，創立惠普和創造矽谷的兩位傳奇人物留下給我的，只有無盡的景仰和追思。

對於普克德先生沒有完成的這一本書，許多人都會感覺到遺憾，就且讓我透過我知道的幾個小故事，來說說普克德先生和中國之間的友誼和交往，以茲紀念。

擔任美國尼克森政府國防部副部長

普克德先生出生於一九一二年九月七日，一九三八年獲得史丹佛大學（Stanford University）電子工程碩士學位，一九三九年與同學惠利特在自家的車庫裡，以五百三十八美元的資金共同創辦了惠普公司。普克德曾經在他的《惠普之道》一書中提到，兩人是以擲硬幣的方式，決定公司名稱中兩人姓氏字母的先後順序，結果惠利特獲勝，於是公司稱為「HP」，而不是「PH」。

一九六九至一九七一年間，他應總統尼克森（Richard M. Nixon）的徵召，在內閣中擔任美國國防部副部長，以他在企業界的專長，整頓加強國防部的後勤和管理系統。因此，他在美國聯邦政府和華盛頓建立了很好的人脈。

第一次訪問中國

一九七九年初，中國大陸在四人幫垮台之後，開始改革開放，於是鄧小平向中國的好友

——美國前國務卿季辛吉（Henry A. Kissinger）提議，希望引進美國的高科技企業到中國大陸投資，並開展業務。於是季辛吉理所當然地想到，他擔任尼克森政府國務卿時期的國防部副部長普克德先生，以及惠普公司。而普克德先生也毫不猶豫地答應了季辛吉的邀請，於一九七九年初訪問中國北京。

在惠普公司內部流傳的一段故事提到，許多惠普高層都建議先找幾家顧問公司，好好做個市場分析和調查，並且考慮所有的風險因素，再決定是否要去中國投資。但是普克德在決定前進中國大陸這件事上，只淡淡地說了一句：「以中國的人口規模和市場潛力，我不需要專家用MBA的方法和分析來告訴我該不該去。」於是，惠普公司成立中國第一家高科技領域合資企業的重大決定，就在一兩天之內完成了。

與鄒家華的友情

一九七九年初普克德訪問中國，由時任國務院國防工業辦公室副主任的鄒家華接待。為了這次的接待任務，中方還特別成立了一家企業，讓鄒家華以企業的名義接待普克德。鄒家華生於一九二六年十月，上海市人。一九九三年三月被任命為國務院副總理，曾任全國人大常委會副委員長、中共中央政治局委員等職位。

此行大致決定了惠普在中國大陸發展的路徑：先由中方建議合作夥伴成立代理公司，銷售及維修惠普公司的電腦和儀器產品，然後再視合作的情況，進一步成立合資公司。

與江澤民的友情

一九八三年，時任電子部副部長的江澤民先生，代表中國政府到美國加州惠普總部拜訪普克德先生，探討成立合資公司的可能性和具體的協議。普克德先生在自家的牧場接待了江澤民一行，並且以家宴款待。在八〇年代的美國加州，中式餐點並不是非常普遍，因此普克德先生特別用自家的工具，親手做了幾雙筷子，以方便代表團用餐。

就在晚餐前一刻，惠普接到了來自北京的消息：江澤民先生已經獲得提報，晉升為電子部部長。為了慎重起見，還特別跟中國駐舊金山領事館證實了這個消息，於是晚餐時特別準備了一個蛋糕，慶祝江澤民部長的晉升。

成立中美第一家高科技合資公司

在一九八五年六月成立合資公司時，因為惠普是中國第一家在高科技領域的合資公司，因此決定公司名字時把「中國」放在惠普的前面。但是在成立之後不久，外經貿部就提出意見，認為只有國有企業可以把「中國」放在公司名字的前面，也就是說，任何中外合資企業都應該將「中國」擺在公司名字後面，並且加上括號。因此，「中國惠普」就成了唯一一家把「中國」擺在公司名字前面的中外合資公司。

最惠國待遇

不可諱言，一九八九年的六四事件對中美關係影響非常巨大。一九八九年三月的蓋洛普（Gallup）民意調查，顯示七二％美國人對中國有好感，但是三個月後，美國《洛杉磯時報》（*The Los Angeles Times*）的民調卻發現有七八％的美國人對中國表示厭惡。

六四事件以後，美國國會不顧布希政府的反對，自行立法懲戒中國，其中最具爭議的是由民主黨裴洛西眾議員（Nancy P. Pelosi）提出的「裴洛西法案」（H.R.2712 - Emergency Chinese

Immigration Relief Act of 1989）。但老布希總統（George H. W. Bush）否決了這項法案，另以行政措施的方式，給予在美國的中國留學生類似「裴洛西法案」中的保障。

美國國會雖然在「裴洛西法案」上失敗了，但是不因此罷休。一九九〇年四月，美國國會部分議員提出多項限制中國大陸產品進口的法案，也有部分議員希望終止或取消美國對中國的最惠國待遇。

如果最惠國待遇被取消，將使中國當時嚴峻的財政赤字問題雪上加霜，亦將使美國與中國的關係更加不穩定。因此，中國政府指派時任機械電子工業部副部長的曾培炎，以中國電子商會的名義赴美遊說美國國會，爭取維持中美之間的最惠國待遇。同時，曾培炎也是六四之後中國首先訪美的最高層官員。

曾培炎一九三八年十二月生於浙江紹興，清華大學無線電電子學系畢業，曾任電子工業部和國家計劃委員會的副職負責人。一九九八年升任國家計劃委員會主任，成為負責經濟事務的最重要官員之一。二〇〇三年升任負責經濟的副總理。

曾培炎肩負著艱巨的任務，第一站就選擇飛到舊金山。下了飛機以後，由當時中國舊金山領事館的科技參贊張軒陪同，直奔矽谷的惠普總部去拜會普克德先生，希望透過他在華府的人脈，讓中國繼續保持最惠國待遇。

而我在一九九〇年二月由香港的惠普遠東區總部調到美國加州總部，除了負責規劃洲際總部的五年長程計畫、晚上去念個MBA學位之外，接待來自兩岸三地的訪問團也是由我負責。因此我也有幸陪同普克德先生會見了曾培炎先生。

以企業力量協助中國改革開放

基於對中國改革開放政策的了解和中國政府領導人的友誼，普克德先生希望中國維持穩定繼續改革，同時希望人民生活不要受到太大的經濟波動。因此，在會議結束之後，立刻搭機飛往華府去見幾位重量級國會議員，為中國的最惠國待遇遊說。

美國對中國最惠國待遇問題，因為六四的關係，從一九八九年開始，每年都要對中美關係形成嚴重干擾，導致兩國關係停滯十餘年。二〇〇〇年，美國國會審議是否給予中國「永久正常貿易關係」（Permanent Normal Trade Relations, PNTR），在美國朝野引起激烈辯論。二〇〇〇年十月十日，柯林頓總統（Bill Clinton，全名為William J. Clinton）簽署了國會通過的法案，中國將在加入世界貿易組織（World Trade Organization, WTO）後得到美國的永久正常貿易關係。

這些小故事，我相信普克德先生一定會寫在他的書裡面，可惜沒有等待完成這本書，普克德先生就與世長辭了，留下的是許多矽谷傳奇故事。希望我的這篇文章，會讓對於惠普公司、矽谷、普克德先生有興趣的朋友們，留下一些回憶。

以下附上惠普與中國接觸發展，直到合資成立中國惠普的大事紀。

中國惠普發展大事紀

一九七二年

美國總統尼克森訪中，中方邀請惠普公司派員訪問北京，以探討商業前景。為此，惠普公司當時負責國際業務的副總裁惠利特先生（惠普另一位創辦人）和遠東地區經理丁利生，與中國機械進出口公司進行了商務談判。

一九七九年

普克德先生應中國政府高級官員邀請，首次訪中。惠普公司的第一個技術研討會於六月在北京舉行。惠普公司的數十名工程師帶來了價值一百萬美元、遍及公司所有業務的設備。普克德先生再次應邀訪中，就產業政策和技術轉讓進行了諮詢，中方提議與惠普公司建立合資企業。

一九八〇年

三月，中國國防工業委員會副主任鄒家華率領代表團訪美，參觀了位於加州帕羅奧圖市（Palo Alto）的惠普公司總部，並與普克德先生簽署了一份備忘錄。（見圖15-1）

一九八一年十一月

中國惠普技術服務處成立，惠普在中國的第一間辦公室設在北京宣武區北緯路祿長街二條甲一號。（見圖15-2）

一九八三年六月

中美簽署了關於合資企業管理的備忘錄，時任電子工業部部長江澤民出席了簽字儀式。

一九八四年八月

電子工業部副部長魏鳴一與惠普公司董事長普克德先生在北京簽署合資經營合同。（見圖15-3）

一九八五年六月二十日

中國第一家高技術合資企業——中國惠普有限公司成立。王震將軍和專程前來的惠普公司總裁約翰．楊（John Young）共同為合資公司的金字招牌揭開了帷幕，中國國家機械委員會主任鄒家華、電子工業部部長李鐵映都出席了開業典禮。（見圖15-4）

圖15-1

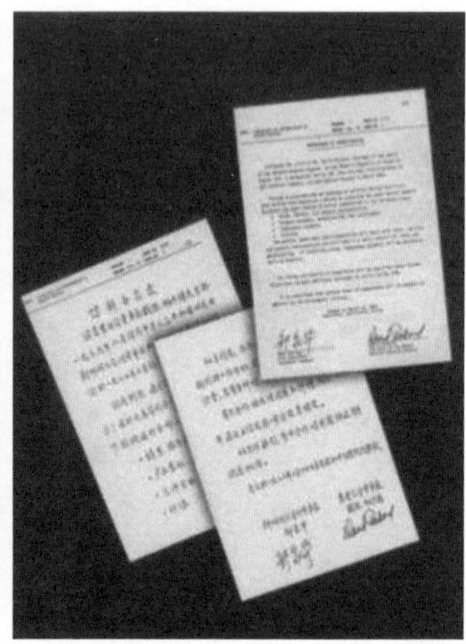

圖15-2

圖15-3

圖15-4

16 「我在中國惠普的六年」故事三：與江澤民的中秋之約

前言

一九九五年，惠普創辦人之一普克德先生與江澤民總書記的晚宴結束前，普克德先生做了兩個承諾：其一是此行返回美國之後，要提筆寫下他與中國大陸在過去二十年發展出的友誼和許多故事，然後出版發行，作為他的第二本書。

其二，則是約定好在一九九六年秋天，也就是北京天氣最好的時候，普克德先生還要到北京來拜訪江總書記，再次把酒言歡，希望屆時他的第二本書已經出版，會親自送給江總書記一本。

圖16-1

由於普克德先生的辭世，這兩個承諾都沒有辦法完成了。我在上一篇文章裡，將我所知道的一些小故事分享給各位朋友，稍微彌補普克德先生未能完成第二本書的遺憾。

雖然主角普克德先生已經不在了，但是當晚在場陪同的惠普洲際總部總裁貝克爾、惠普亞太區總裁Lee Ting、還有我，也都是江總書記邀請的對象，那麼，一九九六年秋天與江總書記的約會是否還是如期安排呢？

給導師的禮物

我在惠普的導師（mentor），也就是

惠普全球副總裁兼洲際總部總裁貝克爾先生，當時預定於一九九六年底從惠普退休。他一路以來對我的培育和提拔，令我非常感激，他也是我人生中的一個貴人。我曾經對他許下承諾，只要他在惠普一天，我就不會離開惠普。如今他要退休了，我已經做到我的承諾。但是，我想為他安排一個讓他印象深刻，並且終身難忘的退休晚宴，以表達我對他的感恩。

一九九六年七月中旬，抱著姑且一試的心情，我聯絡了江總書記的外事祕書錢泳秋，請他去請示江總書記，一九九六年秋天再次相聚的約定，是否仍然有效？雖然普克德先生已經沒有辦法赴約了，但是貝克爾即將退休，因此希望江總書記仍然能夠和我們一起共進晚餐，一來感謝貝克爾在過去為中美高科技產業的合作做出巨大貢獻，二來也為他在惠普的職涯畫下一個完美的句點。

兩天之後，錢祕書的回覆令我喜出望外：江總書記認為已經約好的事情，就要做到，因此請我和錢祕書安排雙方參加人員、日期等具體細節。

由於中南海瀛台晚宴最適合的人數大約就在十個人左右，因此我方參加的人員，當然包含貝克爾夫婦、我的直屬老闆惠普亞太區總裁Lee Ting夫婦，以及我和Lucia這三對夫妻。

至於日期，我查了一下月曆，挑了一個接近月底比較不忙的九月二十七日星期五。錢祕書查了一下江總書記的行程，回頭告訴我，九月二十七日的中南海瀛台晚宴確定了。抱著無

圖16-2

比興奮的心情，我聯繫了貝克爾和Lee Ting，請他們準時在九月二十六日到達北京，除了視察中國惠普的業務發展之外，九月二十七日晚上要參加這個非常重要的晚宴。

賞月盛宴

誰知道到了九月初，我的祕書發現九月二十七日居然是中秋節。當我知道了這個消息以後，心中無比忐忑，於是主動打電話聯繫錢祕書，詢問是否改期，因為中秋節通常是家庭團聚的日子。經過諮詢江總書記之後，錢祕書答覆我，晚宴照常舉行，不必改日期，而且還預先告訴我，晚宴之後，特別安排在瀛台南邊的「迎薰亭」賞月。據〈北京的名亭〉一文所記：*

迎薰亭位於中南海內瀛台南端。「薰」指的是東南風，白居易有詩云：「薰風自南至，吹我池上林。」此亭面南偏東，臨池而倚林，因而得名。亭的主體結構如同蓮瓣托蕊，主亭頂做成歇山直脊，角置塑獸，楹柱的對聯是「相於明月清風際，只在高山流水間」，道出了亭借自然景致所構成的佳妙所在。迎薰亭富麗精緻，流光溢彩，在北京園林建築中十分獨特。

一九九六年九月二十七日中秋節，晴空萬里、天際無雲，是個賞月的好日子。當天傍晚六時許，照例由中南海西門驅車進入，一路通行無阻，到達中南海瀛台涵元殿前下車。（見圖16-3）

我們和江總書記已經是老朋友了，因此賓主就座，氣氛輕鬆，難得忙裡偷閒，閒聊往事。談起一九九五年就在此處和普克德先生相會，如今人已不在，不勝唏噓。

晚餐已經備妥，移步隔壁廳房，雙方就座，把酒言歡。除了我方三對夫妻之外，陪同江總書記參與晚宴的，還有時任國家計劃委員會副主任曾培炎先生、中央警衛局局長由喜貴先生，

圖16-3

再加上錢祕書，總共十人。

晚宴上再次飲用了茅台「國酒」，風味依然令我回味無窮。許多朋友可能會很好奇，中南海瀛台晚宴究竟吃些什麼？我特別請江總書記在當天晚上的菜單上簽名，留作紀念。（見圖16-4）

晚宴結束之後，雙方互贈禮物。江總書記準備了中南海的月餅，非常應景。我則準備了麥可・波特在一九九〇年出版的《國家競爭優勢》（*The Competitive Advantage of Nations*）一書。

＊編注：讀者可參閱〈北京的名亭〉：http://bit.ly/2Vt4ZPg，或掃描：

圖16-4

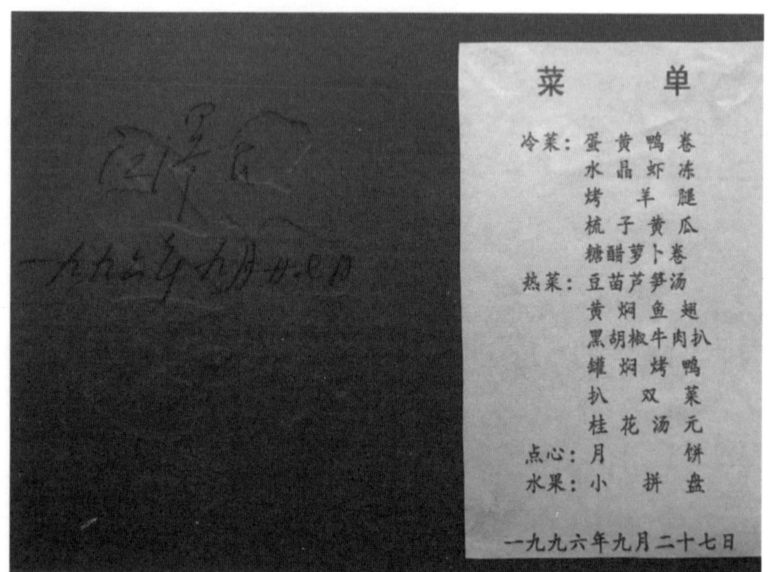

菜单

冷菜：蛋黄鸭卷
水晶虾冻
烤羊腿
梳子黄瓜
糖醋萝卜卷
热菜：豆苗芦笋汤
黄焖鱼翅
黑胡椒牛肉扒
罐焖烤鸭
扒双菜
桂花汤元
点心：月饼
水果：小拼盘

一九九六年九月二十七日

跨國經理人的難忘體驗

如同錢祕書預先透露的，晚宴之後我們驅車到瀛台南端的迎薰亭。沿著南海旁邊，已經備好桌椅，桌子上擺放了水果、月餅和飲料。天上一輪明月，南海上拂面而來的是清秋的東南風，邊喝茶邊享用月餅水果，彷彿置身天上，不似人間。江總書記一時興起，找我合唱了一首英文歌曲「One Day When We Were Young」。

身為一個跨國企業的中國區負責人，能夠經歷這種畢生難忘的場景，應該是專業經理人能夠達到的最高境界了吧。

17
「我在中國惠普的六年」故事四：法規與稅務的快速改革

中國大陸歷經了文化大革命十年浩劫之後，鄧小平祭出了改革開放的大旗。但是經過這場浩劫的中國大陸，經濟和文化受到重創，民生凋敝，因此改革開放的進展十分緩慢。

中國大陸在一九八〇年代開始積極引進外資，尤其高科技產業和製造業更是重點。中國惠普作為高科技領域的第一家中美合資企業，於一九八五年六月二十日在北京成立。緊接著，大量的外資公司看好中國大陸未來的發展，紛紛進入中國，找到當地的合作夥伴成立合資企業。

中國惠普的成就

一九八七年開始，中國政府開始評選「中國十佳合資企業」，藉此表揚合資企業在中國的成就，並且進一步推廣和吸引更多外資企業到中國來發展。藉由外商先進的科技和經營管理能力，透過合資經營的模式，帶動本土企業的發展，培養大批的本地人才。

在每年的「中國十佳合資企業」頒獎大會之後，由政府相關部委領導和合資企業的代表座談，以便了解他們在經營上所碰到的困難，並加速改善合資企業在中國的發展環境。

由於當地政府的支持，中國惠普於八〇年代和九〇年代在中國大陸的發展取得了傲人的成果。中國惠普不僅僅是中國領先的ＩＴ企業，更是一家具有良好社會形象、公信力、責任心和創新進取精神的企業。

在這段期間，中國惠普曾經連續六年獲得「中國十佳合資企業」，並連續四年贏得「中國最受尊敬企業」。同時，連續十六年被評為全中國「雙優」企業，獲得二十年中國信息產業「最具影響力企業」的榮譽稱號。（見圖17-1）

我很幸運地，在一九九二年初派駐中國北京擔任中國惠普的第三任總裁，參與了這一段時間中國大陸在經濟上的快速發展。

圖17-1

快速解決法規障礙

中國大陸就像一塊乾燥的海綿，快速地吸收水分。從大量的外資企業和合資企業身上吸取現代化的科技和經營管理的經驗。這些政府官員從來不掩飾自己的缺失，真正做到不恥下問，真誠地傾聽合資企業的意見，加速政府和投資環境的改革開放。

在我到任不久之後，我就參加了「十佳合資企業」的頒獎典禮。會後由時任經貿部副部長吳儀主持座談會，獲獎的合資企業代表和政府各部委負責人直接交流。這樣的活動，讓合資企業的代表能夠直接面對政府相關單位的負責人，去除掉許多官僚的形式和步驟，而且可以直接認識許多參與大會的中央政府官員，為未來的溝通交流開闢了一條快速通道。藉著頒獎會後的座談會，我也提出了許多造成合資企業經營困難的落後、不合理法規，希望政府能夠加速改善。

我連續參加了幾年，每年都提出了不一樣的問題。因為我提出以後，**當年就獲得改善，所以第二年就不必再談老問題，而是提出新的問題**。當時政府的效率實在驚人，也贏得了所有外資企業代表們的尊敬。

在一九九二年的座談會中，我對吳儀提出了立即取消合資企業「薪資封頂」不合理政策的建議，不到一年的之後，這個「薪資封頂」的做法就被取消掉了。

由於合資企業的大部分員工，都是由中方國有企業抽出部分人員和外資企業成立合資公司，然後由外資企業派專家和管理幹部來經營，因此合資企業裡的中方員工薪資，應該和原本國有企業的薪資接近，以免造成不公平的現象，並增加了國有企業的管理困難。

當時由政府訂定每人平均薪資標準，並且透過行政命令指示銀行體系，依據合資企業列冊的中方員工總人數乘以每人平均薪資，作為合資企業每個月可以發放給中方員工的薪資總額。但這樣卻造成了「自己存在銀行的錢，卻沒辦法提領」的奇怪現象。

當時民營企業剛開始發展，所有合資企業的中方合作夥伴都是國有企業。除了有多年的基

圖17-2

礎之外，國有企業提供非常好的福利，例如住房、交通、保險、探親等等。這些都需要時間和資金來建立，是合資企業無法在短時間之內提供的。

在薪資和國有企業相等，而福利又遠遠比不上的情況下，合資企業在人才吸引和獲得方面就遭受了不公平的競爭。由於政府聽取了我們的建議，很快就把「薪資封頂」的政策取消，我才能夠順利推展中國惠普的薪資福利改革，執行了「單一薪俸」政策。

隨著企業環境進行稅務改革

可是接下來又引發了另外一個問題：

本地員工的個人所得稅起徵點太低了，在改以現金發放福利和實物之後，現金薪資就增加了兩到三倍左右，因此員工就要繳交巨額的個人所得稅。由於「單一薪俸」的單純化，降低了許多管理的費用和成本，因此我毫不猶豫地答應員工，將因此造成的額外個人所得稅再加進薪資裡面。

雖然員工知道，他們並沒有因為實質增加的個人所得稅造成個人損失，但是心理上仍然不能平衡，因此有許多員工抱怨，認為我把公司的資金白白交給政府，去付個人所得稅了。

後來根據我所看到的一份政府財政收入報告，並加以統計計算之後，我發現員工不到五百人的中國惠普公司，繳交的個人所得稅居然占一九九三年全中國個人所得稅收入的千分之二。我不禁為自己的大膽改革捏了一把冷汗。

在一九九三年「十佳合資企業」頒獎典禮之後的座談會裡，我提出了個人所得稅起徵點太低的問題，不利於合資企業在薪資福利方面的改革。

一九八〇年九月十日公布的《中華人民共和國個人所得稅稅法》，是中華人民共和國建國以來頒布的第一部個人所得稅法，個人所得稅的起徵點是八百元人民幣。但有鑒於實際中國平均薪資遠低於這個金額，因此一九八六年九月二十五日國務院發布了《中華人民共和國個人收入調節稅暫行條例》，自一九八七年一月一日起，把對中國國內公民的個人所得徵收的個人所得稅改為徵收「個人收入調節稅」。

從此，「個人所得稅」成為對在中國有所得的外籍人員徵收的一種涉外稅收，起徵點是八百元人民幣，而中國公民的「個人收入調節稅」起徵點是四百元人民幣。中國惠普的薪資改革，將員工的薪資推高到一千五百到兩千元人民幣之間。因此，可以想像每個員工要繳的個人所得稅有多麼龐大。

我相信，中國政府早已經注意到在改革開放之後所衍生出來的許多問題，所得稅是其中之一，但我們在合資企業座談會裡的推動和建議，也有一定的加速作用。

於是中國國務院於一九九四年一月二十八日發布了《中華人民共和國個人所得稅稅法實施細則》，從一九九四年一月一日起施行。這次修改個人所得稅法的主要內容之一，就是將個人所得稅、個人收入調節稅和城鄉個體工商業戶所得稅，合併為統一的個人所得稅。這就是俗稱「三稅合一」的改革，結束了中國個人所得稅稅制不統一的局面，使中國個人所得稅制步入統一、規範與符合國際慣例的軌道。這次的改變，將中方員工的個人所得稅起徵點提高到八百元人民幣，而且所得稅率也大幅調降。

這樣一來，中國惠普的員工的實質可支配收入（disposable income）有了大幅度的增加，尤其是在所得稅方面大幅降低。當初許多抱怨我的員工，反過頭來稱讚我的遠見和英明。這對於員工滿意度的提升也有很大的幫助。

後記

一九九〇和一九九一年，我在位於北加州矽谷的惠普全球總部工作，負責接待兩岸三地的參訪團。我觀察到中國政府官員到美國從事的活動，依優先次序為：拜訪美國跨國企業的總部，到華府去遊說，最後拜訪僑民組織。而台灣政府官員到美國去的優先次序，則是：到華府遊說，拜訪當地僑民組織，最後拜訪跨國企業總部。因此，我接待的台灣政府代表團非常少。

由此可見，中國大陸是先經濟後政治，而台灣則是先政治後經濟。這樣的觀察和結論，也讓我派駐到北京之後，為我推動中國惠普的各項體制改革壯了膽。在與中國政府的各級領導接觸之後，我對於中國惠普的改革更加有了信心。

中國大陸的經濟不是奇蹟，光鮮亮麗背後的努力鮮為人知。

18 「我在中國惠普的六年」故事五：長城夜宴

一九九二年一月，我從美國加州惠普總部調到北京，擔任中國惠普第三任總裁。由於我在台灣土生土長、受教育，而且有幸加入美國跨國企業惠普公司，又有這個機會得到惠普的四年栽培，派駐到北京，我當然想要為台灣企業創造機會，打開中國大陸的市場。到北京就任以後，我就經常在思考，要辦一次海峽兩岸的企業高峰會，為台灣企業創造機會，也同時為中國惠普擴大大陸市場。

促成兩岸企業高峰會

一九九二年七月，我嘗試性地諮詢了中國惠普中方董事、電子部主管、科技部領導和國家計委主管，有關舉辦海峽兩岸企業高峰論壇的構想。出乎我的意料之外，這種前所未有的活動居然得到各方領導人的鼓勵與支持。

我確認他們彼此之間並沒有溝通，但是卻意見一致地認為，這個活動對於海峽兩岸的產業發展與合作有很大的幫助。當時台灣名列亞洲四小龍之一，在電子產業方面的進步和實力是眾所周知的。因此，各部委的主管們反過來積極主動催促我舉辦這個活動。

於是我推舉了台灣高科技產業著名的企業代表三十五家，然後請電子部也推薦中國大陸知名企業的代表三十五家。時間就定在北京的十月金秋，天氣最好的時候來舉行。

一九九二年十月初，在中國中央部委大力支持下，海峽兩岸有史以來第一次的企業高峰會就在北京舉辦了。北京市政府、機場口岸、海關等等單位都給予最大的協助，台灣三十五位企業家在北京機場入境，享受外交官的待遇，直接由北京機場的外交通道入境，所有行李免檢。

除了正式論壇的會議之外，對於參訪和餐會的地點我也煞費苦心安排，希望給台灣來的企業家們一次永生難忘的回憶。

長城夜宴

在人民大會堂的會議和用餐就不提了。另外還有在釣魚台國賓館用餐，同時有北京交響樂團在旁邊演奏助興。在中南海旁的北海遊艇上，一邊遊湖一邊用餐，欣賞美景之餘，讓兩岸企業家交談。

最後一天晚上，我更是用盡心思地安排在慕田峪長城下，享受五星級飯店主廚現場準備的晚餐。用餐的同時，還有陝北大鼓隊等民俗技藝表演。在熊熊的營火旁邊，滿天星光的長城下，享用五星級飯店的燒烤。

當天晚上，天還沒有昏暗的時候，附近幾個村莊的村民們，已經聞風而至，圍著我們晚宴場所旁邊山坡上，站了一圈又一圈，估計有幾百人。這在當地可能是百年不見的景觀。居然有這麼大型的宴會在長城底下舉辦，如何能不吸引附近的村民們來圍觀呢？

一九九二年十月七日晚上，雖然是北京的金秋時節，但是天氣已經有點寒冷了，尤其是遠在北京郊外山上的慕田峪長城。

「冬長夏不短，春秋一眨眼」

北京人特別會創造順口溜。對於北京的四季，老北京人是這麼說的：「冬長夏不短，春秋一眨眼。」由此可知，北京的冬天和夏天特別長，但是春天和秋天非常短。夏天一過，天氣馬上就冷下來了。

大部分台灣來的企業家們都沒有準備厚衣服，當天晚上溫度接近攝氏十度，因此我必須為他們準備厚外套。為了讓他們體驗中國大陸的特色，我交代中國惠普主辦單位去購買五十件解放軍的軍大衣，讓在台灣生長、受教育的這些企業家們穿上，務必要他們在參加這個精心策劃的「長城夜宴」之後，留下難忘的回憶。

雖然我鼓勵他們在此次論壇結束之後，將大衣帶回台灣，留下一個回憶。但是真正帶走的沒有幾位，大部分人在晚餐結束回到酒店時，就把大衣退還給我們了。依據他們的說法，是不希望回到台灣以後惹出麻煩。

當時的中國大陸知道自己在科技和經濟的落後，需要引進外資來加速發展中國的產業，因此裡子比面子重要。台灣和中國大陸同文同種，台灣又在電子產業和經濟實力方面遠遠領先大陸，因此成為中國政府極力爭取的合作對象。這一次的海峽兩岸企業高峰會，中國政府所給予

圖18-1

的接待規格真的是空前絕後，之後的台灣企業到中國大陸參訪就沒有這樣的待遇了。

附上一張「長城夜宴」當天晚上的照片，各位讀者認得出裡面的幾位台灣電子業大老嗎？二十五年前，他們可都是「年輕的台灣企業家」呢。

19 「我在中國惠普的六年」故事六：回顧一九九二年至今的改變

前言

這篇文章是本系列文章的最後一篇。一開始，我要介紹兩個重要人物。第一個是首位以非創始人身分擔任惠普執行長的約翰．楊。他在一九三二年四月二十四日出生於美國愛達荷州（Idaho）的南帕（Nampa），一九五三年從奧勒岡州立大學（Oregon State University）電機系畢業，接著花了一年時間取得史丹佛大學的ＭＢＡ學位，一九五四到一九五六年加入美國空軍服役，官拜少尉。約翰．楊在一九五八年加入惠普，很快地在一九六八年晉升為副總裁，並於一九七七年出任總裁，一九七八年任執行長。一九九二年退休以後，由路易斯．普萊特（Lewis Platt）接替他出任惠普總裁和執行長。

第二個重要人物則是鄒家華。我在本系列的第二篇故事中，提到過惠普創辦人普克德先生和鄒家華建立友情的緣由。一九七九年初普克德訪問中國，由時任國務院國防工業辦公室副主任的鄒家華接待，為了這次的接待任務，還特別成立了一家企業，讓鄒家華能以企業名義接待普克德先生。鄒家華原名鄒嘉驊，上海市人，一九二六年十月生，祖籍江西餘江縣，中國共產黨前領導人，曾任中共中央政治局委員、國務院副總理和全國人大常委會副委員長。鄒家華是作家鄒韜奮之子，妻子葉楚梅則是葉劍英元帥的女兒。

惠普為領導層年輕化採取的措施

惠普鼓勵世代交替，高階經營主管如果在六十歲生日當天退休，則可享有五年領半薪的福利。這個福利，當然也有點競業禁止的作用。而如果過了六十歲生日仍未主動退休，這項福利就沒有了。

在早期的惠普，經營管理層的高階主管多半選擇在六十歲生日當天退休，這樣的措施保證了惠普經營層的年輕化。出生於一九三二年的惠普執行長約翰．楊，也就照例選擇在一九九二年四月生日當天退休，也正好是我擔任中國惠普第三任總裁四個月的時候。

他一方面因為相當重視我擔任的這個新職務，二方面也是在他任上最後一年，希望到中國市場去跟老友們告別，因此約翰・楊在一九九二年四月來到了北京。

對國務院副總理鄒家華的承諾

除了與中國惠普的員工交流和道別之外，我也安排約翰・楊見見一向支持中國惠普的中央官員，於是我陪他去拜訪了時任中國國務院副總理的鄒家華先生。

在這次的會面當中，鄒副總理特別提到，希望我能夠抽空為中國大陸的國有企業領導者們，講講惠普的企業文化和經營管理，以助國有企業加速改革，並走向現代化企業的管理模式。我當然責無旁貸地一口答應了。

中國惠普的體制改革與技術升級

可是接下來的五年，我大部分時間都花在中國惠普的體制改革，以及引進惠普的資金與技

圖19-1

術，並加大惠普在中國的投資。在惠普的各個產品領域，我都為他們找到了合適的本地合作夥伴，分別成立了研發、製造、投資等等的獨資或合資公司。

一九九二年，中國惠普遷到位於北京國貿的新總部，海峽兩岸的公司主管都在北京參加了歷史性的電腦技術研討會。一九九四年，惠普醫學產品公司（青島）成立。中國惠普成為中國第一家獲得ISO 9002國際標準認證的電腦和儀器廠商，中國惠普的陝西西安辦事處也在這一年成立。

一九九五年，惠普電腦產品（上海）有限公司與惠普上海化學分析儀器產品有限公司成立。普克德先生最後一次訪華，會見老朋友江澤民。惠普（中國）投資有限公司與惠普科技（上海）有限公司在這一年成立。

一九九六年，中國惠普個人電腦製造公司成立，開始在金橋為本地市場製造個人電腦。上海惠普有限公司成立，開始在外高橋保稅區建立印表機生產工廠。同年，惠普測試和測量事業部在北京成立市場和研發中心。

一九九七年，惠普租賃有限公司在上海成立，這是中國第一家利用外資進行融資服務的ＩＴ廠商類租賃公司。同年，中國惠普和中國電信在北京成立電信測試和測量教育中心。

履行一九九二年的承諾

一九九六年與江澤民總書記共度中秋以後，我對中國惠普的體制改革與技術升級基本上告一段落，雖然仍然有一些項目尚未完成，但是我的時間比較充裕了。於是我提筆給國務院副總理鄒家華寫了一封信，大意是說，我於一九九二年四月陪同惠普前執行長約翰．楊拜訪鄒副總理時，曾經承諾要為中國大陸的國有企業講講惠普企業文化和經營管理，現在是履行我五年前承諾的時候了。

我也藉這個機會，將中國惠普在一九九二到一九九六年所做的體制改革、技術升級和對中國的投資，做了一個詳細的匯報給鄒副總理，並且提到，經過這五年累積的經驗，我對國有企業遭遇到的經營困難更加了解，所以我的演講將會更加符合國有企業的需求。於是鄒副總理在我的信上批示，交由國家經濟貿易委員會培訓司研究執行。

藉這個機會，為大家介紹一下國家經貿委的沿革，以了解中國大陸在促進和發展經濟所做的一些組織變革。

一九四九年六月四日，周恩來在北京飯店宣布成立政務院財政經濟委員會，由陳雲、薄一波負責籌備。一九五六年五月，第一屆全國人大常委會第四十次會議決定設立國家經濟委員會，是全國綜合性宏觀調控工交系統主管部門。

一九七〇年六月，中共中央決定將國家經濟委員會撤銷併入國家計劃委員會，一九七八年三月恢復成立國家經濟委員會，一九八二年將國家機械工業委員會、國家能源委員會、國務院財貿小組等經濟綜合機構，合併到國家經濟委員會，一九八八年四月第七屆全國人大第一次會議，決定不再設國家經濟委員會，併入國家計委。一九九三年三月重新設立國家經濟委員會並且改名為「國家經濟貿易委員會」（以下簡稱經貿委）。二〇〇三年三月經貿委被裁撤，其職能分別整合到新設立的國務院國資委、國家發展和改革委、商務部等部門。

當時的經貿委培訓司，負責國有大型企業的企業制度改革和經營管理現代化。他們採取了兩個措施，第一個是完成國有企業五百強的排名，第二個是開發和執行國有企業五百強兩組團隊的MBA培訓課程。

鄒副總理將我的信交辦給經貿委培訓司時，國有企業五百強的排名，才排到第兩百二十名，但是MBA課程表基本上已經接近完成。我看了一下課程表，連麥可．波特的《競爭策略》《競爭優勢》和《國家競爭優勢》都已經排在課程裡了。

在我參考了所有的課程以後，我準備了兩堂課：「企業文化」和「現代企業發展戰略」。因為我的課程比較偏向實務，而且理論和實務並重，所以經貿委培訓司非常高興地把我的課程加進他們的培訓之中。

國有企業的三組團隊

大部分人都知道中國國有企業有兩組團隊，一個是黨委組織，另一個是行政管理組織，但是很少人知道還有第三組團隊：年輕一代的團委組織。因此培訓司設計的MBA課程分成三套。國有企業的黨委書記在中央黨校上課；董事長、總經理的行政班子在國家行政幹部管理學院上課；而年輕一代的團委組織在中央團校上課。我的兩堂課就被排進了這三套班子的課程裡。

對我來說，這是一個相當有趣的經驗。我在中央黨校面對一百個國有企業的黨委書記參加的培訓班，大談現代企業的企業文化和企業戰略。當時黨校的領導還跟我說，我是第一個在中共中央黨校講課的台灣人。

由於我的課程頗受歡迎，因此電子部也請我去電子部黨校和電子部團校開課。北京大學、清華大學和上海的中歐管理學院也都紛紛邀請我去演講。由於教材是現成的，因此我也都答應了。

一九九七年上半年，我的足跡幾乎踏遍了北京和上海，講了二十幾堂的課。當時國有企業的三組團隊，被我教過的學生有上千人。由於他們都是在位、握有實權、有實務經驗的管理者，課堂上的互動非常熱烈，讓我深深感覺到他們求新、求知的迫切心情。

大陸的改革開放和經濟發展，背後有無數的努力，我在二十年前的一九九七年，就有幸參與了政府設計的國有企業ＭＢＡ課程，見證並參與了中國大陸以政府力量培訓國有企業領導團隊、走向現代化的經營管理。

隨後的「國退民進」政策，促進了民營企業的快速發展。這些國有企業的領導團隊有的從事體制改革，或紛紛下海創立民營企業，但無論如何，相信當年的培訓課程都發揮了一定的作用。

經濟奇蹟付出的代價

回顧我初到北京任職中國惠普總裁的一九九二年，中國GDP以四千九百一十億美元排名全球第九。二〇一六年GDP為一一．二兆美元，位居全球第二，僅次於美國的一八．六兆美元。在短短的二十四年之中，GDP成長了接近二十五倍。

就如同鄧小平說的，改革開放就是讓一部分人先富起來，雖然在這過程當中免不了有一些貪腐的現象發生，但或許這就是中國大陸發展經濟必須付出的代價。

20 龍象之爭：中國與印度的軟體業發展軌跡

前一陣子印度與中國的軍人在邊界的洞朗（Donglang）地區對峙長達七十三天的新聞，* 勾起了人們對一九六二年中印戰爭的回憶，這些新聞占據了版面很長的時間。我對於政治沒有多大興趣，對於戰爭更是厭惡，因此我不談中印兩國之間的政治與戰爭，我來談談中印兩國在軟體產業之間的競爭。

* 編注：此事件發生於二〇一七年六至八月。

歐美軟體業的外包潮

一九八〇年代，歐美的硬體製造業開始大量外移到海外（offshore manufacturing），以便降低製造成本，順便進入新興市場。當時的製造工廠大都擺在亞洲，尤其是中國大陸。印度在硬體的進口關稅方面，採取了「整機進口」比「零件進口」稅率更低的奇怪政策，擺明了是歡迎整機進口，不鼓勵在印度當地生產製造。因此，印度在這一波歐美硬體製造外移的浪潮當中幾乎沒有吸引到多少外資。

至於在軟體開發方面，美國企業當時也開始引進亞洲軟體開發工程師前往美國工作。在亞洲國家當中，最積極爭取這種在美國本土「內包」（insourcing）軟體開發工作機會的，就數中國和印度這兩個國家了。

一九九〇年我在惠普的矽谷總部工作，遇到許多從中國大陸和印度軟體公司派遣到美國惠普以協助開發軟體的工程人員。這種類似人力派遣的軟體開發模式，當時廣為矽谷的美國企業所採用，一方面是軟體開發工程師在矽谷供不應求，另一方面從中國大陸和印度派遣的工程師費用也比較便宜，可以降低成本。

但是，這些派遣工程師做的多半都是撰寫軟體程式碼（coding）的工作，而不是比較高端的軟體系統架構（system architecture）設計。這些軟體工程師就是今天中國大陸所稱的「碼農」，軟體業「碼農」所做的工作，其實就是硬體製造業的代工，附加價值並不是很高。很顯然地，中國大陸在這場「碼農派遣」的競爭中不敵印度，印度工程師的數量遠遠超過中國大陸來的工程師。

但是好景不常，從一九九一年開始，這些從印度和中國大陸派遣到矽谷為美國企業開發軟體的數量龐大的工程師們，吸引了美國幾大電視台的注意，並且開始跟蹤、採訪、報導這種現象，而且大都是以負面的角度來報導，認為這些人搶走了美國人的工作機會。於是美國企業開始嘗試把整個軟體開發案——包括系統架構和程式撰寫——都「外包」（outsourcing）到印度本土，然後透過網路在美國做專案管理，以避免美國媒體的負面報導與攻擊。在這波軟體「外包」的競爭中，印度完勝中國，幾乎達到贏者通吃的局面，於是造就了印度的軟體大企業，包含塔塔（Tata）、塔塔顧問服務公司（Tata Consultancy Service, TCS）、Infosys、威普羅（Wipro）等等。

造成這種局面的主要原因有三個：

一、英文是印度的官方語言之一。因為印度曾經是英國的殖民地，因此受過高等教育的印度軟體工程師用英文溝通，普遍沒有問題。

二、印度工程師要派往美國，手續非常簡單，一兩天內就可成行。但是在當時的中國大陸，一般人要出國非常困難，必須經過層層的審批，手續往往一兩個月都辦不完。

三、印度是一個非常民主開放的國家，對通訊和網路的管理非常鬆散，因此廣受歐美企業歡迎。反觀當時的中國大陸，對於通訊和網路的管制非常嚴格，成為中國企業在跨全球軟體開發合作案中競爭的劣勢。

前兩個原因，讓中國大陸在「碼農派遣」模式的「內包」競爭階段不敵印度，而第三個原因更是造成在軟體開發案「外包」競爭階段時，印度完勝中國的局面。

中國早期的接案障礙

我在一九九二年一月從美國派駐到北京，擔任中國惠普總裁之後，也曾就這個題目與當時電子部的領導人們交換過意見，分享了我的分析與看法。當時我建議，中國的軟體產業轉移目標市場，捨棄歐美而專注日本。日本的軟體開發工程師也面臨著供不應求的局面，而且開發工作的人力缺口高達兩三萬個人年。大陸東北的軟體企業為日本客戶開發軟體，除了有地利之便，日文在東北還是非常流行的，也有語言上的優勢。

電子部的領導採納了我的建議，為東北的軟體企業開了綠燈，除了出國手續簡化，通訊和網路也盡量提供便利。很不幸的是，我在《創客創業導師程天縱的經營學》書中的〈從美、日、中的電子產業變革借鏡〉指出過，日本在家電時代稱王，但卻錯過了資訊和網路時代，而日本在資訊產業方面的不振，也導致了中國大陸東北的軟體產業發展不起來。這更加證明了一點：選對客戶和選對市場，對產業的發展是非常關鍵的。

德州儀器與中國的軟體政策

一九九七年十月我離開了惠普公司，加入德州儀器擔任亞洲區總裁。德州儀器在一九八八年進入印度，率先將半導體晶片設計中心設置在位於印度南部卡納塔克邦（Karnataka）的班加羅爾（Bengaluru，舊稱 Bangalore），隨後英特爾（Intel）、微軟、ＩＢＭ、思愛普（ＳＡＰ）、甲骨文（Oracle）等全球最優秀的軟體公司也紛紛跟進。現今的班加羅爾已經是印度的矽谷，也是居印度ＩＴ產業第一位的城市。

一九九九年中，時任中國信息產業部副部長的曲維枝女士組織了一個跨五部委的考察團，包含信息產業部、教育部、科技部、財政部、發改委的十幾位司局長，前往印度考察當地軟體產業的發展，以及相關的政府政策。

由於印度政府一向把中國視為假想敵，因此中印關係一直不好，官方的溝通管道更是不順暢。當時，中國駐印度的周大使在到任長達一年半之後，還見不到印度政府的高層人士。當時，德州儀器在班加羅爾的研發中心已經有超過三千名工程師，對於印度政府的影響力非常大，因此曲部長請我幫代表團安排考察印度一個星期的行程。在我的陪同下，考察團拜訪了卡納塔克邦的省長、印度政府的幾位部長、外商在印度的總部和研發中心，以及印度的知名大型軟體企業。

考察團回國後，頒布了知名的「五號文件」，也就是《鼓勵軟件產業和集成電路產業發展的若干政策》，其中包含「增值稅從一七%降低到六%」的優惠政策。由此可見，中國政府對於軟體產業非常重視，為了促進其發展，寧可不顧面子地捨棄外交管道，找德州儀器來安排行程。考察行程結束之後，中國政府對於軟體產業和半導體晶片設計產業的優惠政策，下了很大的力度。

中國與印度的軟體發展歧異

回到二〇一七年的今天來看，* 中國的軟體產業仍然不如印度，但是印度的軟體產值仍然大部分來自於軟體外包和代工。反觀中國，則已經擺脫了ＩＴ產業，實現了彎道超車的戰略，直接進入了互聯網、移動互聯網、大數據（big data）和ＡＩ的新領域。

為什麼印度在擁有龐大軟體產業的規模優勢下，沒有辦法進入互聯網、移動互聯網、ＡＩ等等的新領域，仍然停留在ＩＴ時代原地踏步？我在前面提到的〈從美、日、中的電子產業變革借鏡〉一文中也指出，日本和台灣陷入現今經濟困境的原因，我相信印度也同蹈覆轍，停步於ＩＴ時代的軟體外包模式中。那麼為什麼中國可以彎道超車，把印度遠遠的拋在後面？

我認為原因有三個：

一、如果不依託在硬體上，純軟體的產業發展會遇到瓶頸，尤其是不止要做代工，也要打造自我品牌。

二、要有一個有強大消費能力的國內市場，不是只看人頭的多寡。

三、要有一個鼓勵創新創業的環境，和支持開放應用的政府。

＊編注：本文首次發表於二〇一七年十二月十四日。

結語

從過去三十年中印兩國在軟體或數位產業的競爭來看，成為贏家的關鍵在於「開放」。在一九八〇、一九九〇年代，中國在軟體外包產業輸給了印度，主要的原因在於當時的環境是不開放的。中國能夠彎道超車，進入二十一世紀以後在移動互聯網、物聯網方面都遠遠超越印度，主要的原因就是在於開放的政策和環境。

政策開放、吸引外資，促成了過去三十年GDP的高速成長，造就了今天強大消費能力的大陸市場。政策開放、招商引資，則吸引了台灣硬體代工製造，建立健全的供應鏈體系。政策開放、支持創新創業，尤其是鼓勵互聯網領域的應用：共享單車、無人駕駛、第三方支付、P2P金融、*電子商務、AI等方面的創新應用。

連中國大陸都能開放，台灣能不開放嗎？

* 編注：P2P金融又稱P2P網路借貸（peer-to-peer lending），是一種新興的金融（借貸）工具。以往，一般人借錢的對象往往是銀行或親朋好友，現在透過金融科技，P2P借貸去除了傳統金融機構作為中間人的角色，利用網路平台媒合借貸雙方，屬於個人對個人的直接金融。

21 要留意紅色供應鏈，也要關注中國龍頭企業的崛起

一九九七年，我加入德州儀器時，公司賦予我的主要任務就是制訂中國大陸策略，開發大陸市場。當時，德州儀器的企業使命（mission statement）是：「**成為網路社會數位解決方案的全球領導者。**」願景（vision）則是：「**我們期望，在未來的世界，每一個位元、每一個傳送的訊息，以及每一幅投影的圖像，都有德州儀器技術的參與。**」

這樣的策略與願景，都是圍繞著德州儀器的心臟——「數位訊號處理器」（digital signal processor, DSP）和「開放多媒體應用處理器平台」（open multimedia application platform, OMAP）——發展出來的。因此，我花了很多的時間推動「DSP大學計畫」，在主要大學捐贈開發設備、成立DSP實驗室，以培養DSP開發應用的人才。另外一個重點，就是和電子部下屬

的研究所合作，協助成立DSP實驗室，積極推動以DSP為核心的各種應用和解決方案。

令我印象深刻，後來發展壯大的有兩個企業：一個是位於合肥的「中國科技大學DSP實驗室」，幾位碩博士出來創業成立的「科大訊飛」。另外一個就是電子部第五十二所投資成立的「海康威視」（以下簡稱海康）。

科大訊飛成立於一九九九年，主要從事智慧語音及語言技術研究、軟體及晶片產品研發、語音訊息服務及電子政務系統開發，是中國大陸目前在語音技術領域基礎研究時間最長、資產規模最大、市占率也最高的公司。今（二〇一七）年六月*，《麻省理工科技評論》（*MIT Technology Review*）公布二〇一七年度全球五十大最聰明公司榜單中，科大訊飛排名全球第六，中國排名第一。

海康成立於二〇〇一年，總部在中國杭州，主要生產錄影監視器產品和相關解決方案，由工信部之下中國電子科技集團旗下的「中電海康集團」持股三九．九一%，加上中國電子科技集團第五十二研究所持股一．九七%，中國中央政府掌控股份約四二%。根據市調機構IHS統計，去年海康的全球市占達二一．四%，產品遍布一百五十五個國家和地區。海康今年的營收將超過四百億元人民幣，毛利率維持在四五%左右，員工達到兩萬六千人，在安防監控系統領域處於全球第一的市場地位。

陳宗年代表國企大股東「中電海康集團」擔任海康的董事長，只有在董事會和重大決策時才會參與，真正從創立發展至今的操盤人，是海康的總經理胡揚忠。由於我在科大訊飛和海康剛成立的時候就經常拜訪他們，在技術產品的研發給予大力支持，與創始團隊都保持了很好的交情。因此胡總經理在得知我從富士康退休以後，就積極透過各種關係，邀請我擔任海康的獨立董事，我也終於在三年前接受了胡總的邀約。

海外媒體的各種報導都一致認為，海康之所以能夠發展壯大到今天的地位，主要是靠中國政府的保護和支持，在政府機關所採用的各種安防系統裡，也擁有壟斷的優勢。因為我已經擔任海康威視的獨立董事三年，所以對於這些說法有比較深入的了解，藉這個機會和各位分享一下。

競爭對手

《安全&自動化》（*A&S*）雜誌公布了二〇一七年度「全球安防五十強」排名，結果總部同

* 編注：本文首次發表於二〇一七年十二月二十六日。

樣位於杭州、也是海康最大競爭對手的「大華科技」，由於成功賣出了一百多萬套ＡＩ監控系統給中國政府，發展出強大追蹤能力的「天網工程」，一舉躍升至全球第三名，直逼第一名的海康。可見，海康在大陸的政府市場並不是處於壟斷地位，而最大的競爭對手就是民營的大華科技。海康雖然能在全球市場排名第一，但仍然必須面對歐美的強大競爭對手。

海康的海外營業收入大約占了總營收的三〇％，另外有一點要特別注意的是，海外營收的毛利率，比國內營收的毛利率高了一〇％左右。如果光是靠扶助和內需市場，很難有這樣的成績，而這個現象背後的核心能力，才是我們在商業上需要關注的重點。

公司治理

三年前我第一次參加海康的董事會。海康總共聘任了四位獨立董事，全部是與海康沒有關係的業界知名人士。台灣企業在公司章程裡明文規定，每年盈餘的一部分作為董監酬勞，但中國大陸企業就沒有類似的制度，而是每個月發薪水作為酬勞。海康給獨立董事的酬勞，就是每個月一萬元人民幣，這比起我去大陸大企業演講兩個小時收費五萬元人民幣的酬勞，差距甚遠。

獨立董事除了參加董事會之外，還要擔任董事會下屬委員會的委員，我就擔任了「提名」和「審計」兩個委員會的委員。我為海康所花費的時間，可想而知。

猶記得三年前，在我參加的第三屆第一次董事會中，陳宗年董事長特別為我們四位新加入的獨立董事解釋了海康的特殊性。由於有四二%的股份是由中央國企所持有，因此本質上海康就是一個國有企業。海康各種重大決策與投資都必須呈報上級，獲得海康集團、中國電子科技集團，以及國資委的批准，不像一般民營上市企業，只要經過股東會、董事會決議通過就可以執行了。所以，陳董事長要我們四位獨立董事了解海康身為國有企業的複雜性。

我隨後發言表示：「我對國有企業的困難非常清楚。但是既然擔任獨立董事，我的責任就是代表廣大的小股東、為小股東的利益發聲，因此未來難免會有小股東和大股東之間的利益衝突和矛盾，也請陳董事長和胡總經理多多包涵。」海康的陳董事長和胡總經理紛紛表示，了解獨董的立場，對於我的發言，也可以接受。

既然醜話說在前面了，過去三年的海康董事會和各種委員會，外部董事、監事和獨立董事的發言，經常是非常尖銳，毫不客氣。反觀部分台灣上市公司，獨立董事通常是董事長的親朋好友，關係良好，董監事酬勞豐富，「公司治理」也就是聊備一格了。

參與重要經營決策的討論

就以今年八月底的董事會為例子。八月三十日下午我飛抵杭州，立刻到海康杭州總部參加審計委員會議，結束以後，再驅車前往桐廬雷迪森度假酒店入住。

八月三十一日一早就參觀海康的桐廬工廠，董監事除了對海康未來的發展規劃有更進一步的了解，對於工廠自動化和營運也給予建議和指導。工廠參觀結束以後，再搭車前往千島湖入住喜來登度假酒店，簡單午餐之後開始董事會，並且安排了公司業務匯報及交流討論。

除了公司主要的安防業務主管報告之外，另外還有六個新業務的主管上場報告，這六個新業務包括互聯網、機器人、汽車電子、智慧存儲、微影科技，以及熱成像業務。

會議中，董監事依據個人的專業領域，對於業務報告主管給予正面的評價和專業的建議。會後，陳董事長和胡總經理都表示，董監事們給予公司未來發展策略的指導和建議非常寶貴，並且啟發了很多新的思路。

總結

事實上，海康最早成立時是以家庭消費市場，以及辦公場所的監控和安防應用為出發點，而採用德州儀器的DSP，則是用來進行影像處理的作業。當時的DVR（digital video recorder，即數位錄影）系統只能錄製儲存。至於加上網路連線的廣泛監視功能，則是後來的事情。以現在的觀念來說，這也已經是所謂物聯網的一部分，只是相對於其他類型的產品，多長了一隻眼睛而已。

其實，無論哪裡製造的安防監控系統都一樣，就像一把刀，可以用來做好事，也可以用來做壞事。如果製造商和使用者都遵守應有的社會規範，在原本的用途上讓它發揮功能，這樣的產品是不會消失、只會繼續發展的。

總而言之：

一、當台灣政府和企業界都在關心紅色供應鏈造成嚴重威脅的時候，不要忽略了中國大陸龍頭企業的崛起。

二、海康威視能夠在安防產業做到全球第一，中國政府的扶持或許有幫助，但不要忽略海康的其他核心能力與競爭優勢。

三、作為一家企業，海康的治理在華人企業當中是非常領先、非常優秀的，令人尊敬。

四、海康不僅僅讓獨立董事充分發揮監督的作用，而且擷取獨立董事們在其專業領域的經驗，布局公司未來的發展。

五、看到別人的缺點是人們與生俱來的能力。但是能夠看到別人的優點，並且加以學習內化，是一種可以培養，也需要培養的能力。

六、**眼中全是別人缺點的人是無法進步的。眼中全是別人優點的人，才能夠在競爭中勝出。**

22 走入當地人群，再次認識印度

一九八八年八月我被派駐香港，擔任惠普的亞洲區市場部經理，開始接觸印度市場。由於惠普在印度沒有軟體研發和硬體生產製造，只有市場行銷機構，因此，出差時多半以拜訪印度的首都德里（Delhi）為主。

接著在九〇年代初期，中國和印度開始爭奪為美國軟體代工的機會，我時任惠普洲際總部業務開發經理，也經常接待遠從印度來矽谷拜訪的印度軟體公司。這方面的事情，我在前面〈龍象之爭：中國與印度的軟體業發展軌跡〉一文中已有詳細敘述。

一九九七年底我離開惠普，加入德州儀器公司擔任亞洲區總裁。由於印度屬於亞洲區，也在我的管轄範圍之內，因此成了我負責的亞洲區重要成員之一。

德州儀器早在一九八五年八月，就選擇了位於印度南部卡納塔克邦的班加羅爾成立第一個研發中心，到了九〇年代末期，已經僱用超過三千位積體電路（integrated circuit, IC）設計工程師。之後，德州儀器更進一步加碼，於二〇〇六年七月在印度第四大城市清奈（Chennai）成立了第二個研發中心。

在德州儀器時，我每年都要出差去印度兩三次，視察班加羅爾研發中心和德里的銷售機構。於是我和印度的接觸，就從德里往南延伸到了班加羅爾和清奈。

窮、髒、亂

我過去三十年與印度接觸得到的印象，可以用三個字總結，那就是「窮、髒、亂」。當我在跨國公司上班，出差去印度的時候，都住在五星級賓館。賓館內部富麗堂皇，但是只要一出門，街上滿是到處閒逛的牛羊狗，以及衣衫破爛、隨處坐臥的印度老百姓。破舊的民宅、髒亂的街道，和我住宿的五星級賓館形成了極大的反差。

而我的同事們，尤其是來自歐美的西方人，更是好心地提醒：到了印度，千萬不要喝當地提供的飲水，一定要喝瓶裝水，因為太多人有過拉肚子的慘痛經驗。

印度的貧富差距、種姓制度，以及電視媒體三不五時報導與中國、巴基斯坦的軍事衝突，再加上姦殺婦女之類的社會犯罪，讓我深深覺得，印度雖然是一個極為民主的國家，但是社會的不平等和對女性的歧視，使得印度成為一個不適合旅遊、不適合派駐、不安全的地方。

印度的進步與改變

擁有全世界第二多人口的印度，因為經濟發展遠遠落後，因此被列為開發中國家。二〇一六年印度的人均所得大約是一千五百美元，世界排名第一百五十位。可是印度在二〇一一至二〇一二年仍有一二．四％人口生活在貧窮線以下（每天生活支出少於一美元）的國家，貧富不均已經是個很大的問題。

印度百姓多半是低收入人口，最大的娛樂就是看電影，也因此造就了印度電影產業的蓬勃發展。最大的電影基地是位於孟買的寶萊塢（Bollywood），所以印度電影經常被統稱為「寶萊塢電影」。

寶萊塢的電影通常是歌舞片，幾乎所有影片中都有好幾段唱歌跳舞的場面。因為印度觀眾期望他們的花費物有所值，所以歌唱、舞蹈、三角戀愛、喜劇，再加上驚險動作場面，就像一個大雜燴。這些影片被稱作「馬薩拉電影」，馬薩拉（masala）在印度話中，正是混和香料的意思。

這些影片的情節多是通俗鬧劇，裡面有很多公式化的劇情，例如命運多舛的情侶、憤怒的父母親、腐敗的官員、綁匪、心懷陰謀的惡人、淪落風塵的善良女子、失散已久的親人，還有被命運分開的兄弟姐妹，他們都會遭遇戲劇性的命運轉折，還有種種不可思議的巧合。因此，在十幾二十年前，偶爾看過幾部印度電影，就感覺索然無味了。內容貧瘠、通片歌舞，毫無吸引人之處。

自從退休以後，比較有時間再回頭看看印度電影，居然發現近幾年寶萊塢電影也力求革新，出現了許多兼具藝術性、原創性、娛樂性的佳作。更加令我驚訝的是，在印度這種封建保守的社會制度之下，許多大牌紅星居然敢冒大不諱，演出不斷挑戰社會制度底線的劇情。比方說不斷碰撞印度的教育問題，使得這幾年出現許多探討教育的佳作，例如探討教育本質的《心中的小星星》（*Taare Zameen Par*）、以戲謔方式批判大學教育並成為最賣座寶萊塢電影的《三個傻瓜》（*3 Idiots*）、探討印度穆斯林於九一一事件後在美國遭受歧視的《我的名字叫可汗》（*My Name Is Khan*），以及具有女權思想的《救救菜英文》（*English Vinglish*）等等。

這些佳片，大都是由我最欣賞的三個印度男星，也就是號稱「寶萊塢三K天王」的薩爾曼汗、阿米爾汗（Aamir Khan）與沙魯克汗（Shahrukh Khan）所主演。有趣的是，這三個「汗」都出生於一九六五年，都堅持一次只拍一部電影，非常重視劇本及影片所帶給觀眾的「價值觀」。長得都很帥、都勤快健身，但是身高都不高。阿米爾汗只有一百六十八公分，即使是最高的沙魯克汗也只有一百七十六公分。

觀賞他們三位所主演的電影，幾乎都會讓我流下眼淚來。早期二〇一〇年沙魯克汗的《我的名字叫可汗》，以及近期二〇一八年薩爾曼汗的《寶萊塢之鋼鐵奶爸》（*Brother Bajrangi*），都吸引我一看再看。三位之中，我最欣賞的是被《時代》（*Time*）雜誌稱為「印度的良心」的阿米爾汗。他的作品不勝枚舉，但特別是《三個傻瓜》《我和我的冠軍女兒》（*Dangal*）、《隱藏的大明星》（*Secret Superstar*）這幾部電影，都在我心中留下了最深刻的印象。

印度電影的改變，只是整個印度政治、經濟、文化進步與改變的一個縮影。

二〇一四年我到印度去參加佛學院的開光大典，順便也拜訪了德里和其他城市。在那之前，我對印度的整體印象，除了早期頻繁的出差，親身經歷親眼所見以外，大部分都是由媒體、網路得到的。這些方面帶給我的視角，都是比較宏觀的，我所認識的印度朋友們，也大部分是曾受過高等教育、留學海外，位居政府高層的菁英分子。那麼真正活在社會底層的廣大印度老百姓，他們的真實情況是什麼呢？

印度底層百姓的生活

今年四月，我再次拜訪睽違了四年之久的尼扎佛學院。佛學院位於印度北部喜馬偕爾邦（Himachal Pradesh），毗連中國西藏自治區，全境位於喜馬拉雅山南麓，氣候溫和，但冬季寒冷。首府西姆拉（Shimla）曾是英屬印度的夏都。該邦經濟以農業和旅遊業為主，盛產水果。喜馬偕爾邦人口不到一千萬，土地面積接近五萬六千平方公里，在印度五百四十名國會議員名額中，只占有四個名額，由此可見其小。

這次在佛學院住了兩個星期，仁波切很貼心地安排了許多車程在四五個小時內的著名風景景點，但我都婉拒了，我只想沉下心來，安靜地在佛學院休息，順便了解附近老百姓的生活。

從達蘭薩拉（Dharamshala）機場搭車到佛學院，大約需要兩小時的車程。進入山區以後，沿途看到許多高聳的竹林，茂密地生長在一起。有趣的是，印度人從來不吃竹筍，我在印度那麼久，也從來沒看過竹筍。那麼這些竹林的竹筍去了哪裡？做了什麼用？還是印度的竹子不長竹筍？

在和仁波切、大喇嘛，以及佛學院工作人員們的閒聊當中，我發現真正的印度人和我過去幾十年的刻板印象（stereotype）是完全不同的。

首先，印度人非常溫和，沒有暴力傾向，不管信什麼宗教，都非常虔誠。佛學院的人在當地已經生活了十幾年，沒有看過任何打架的事件。即使路上偶爾有人爭吵，也只是大聲講理，不會罵出髒話。當地人對老人和婦孺非常禮讓，只要是在巴士上或是火車上，看到老人和婦孺一定會起身讓座。

由於地處鄉下，道路都十分狹窄，而且沿著山區蜿蜒而行，開車必須要有耐心。有趣的是，每輛車子在後車廂上都會寫著「按喇叭」（Blow Horn），意思就是：「山路難行，我車子老舊跑不快，如果你比較急、想超車的話，請按喇叭。」就我所看到的，只要按喇叭，前車一定會往邊靠，讓你先行，這和台灣很不一樣。台灣的天氣炎熱，駕駛人的脾氣比較浮躁，也沒有耐心，所以我們經常可以在電視新聞上看到，駕駛人因為被按一聲喇叭就下來吵架、打架的事情。

我不禁問了仁波切：「在國外看到許多新聞報導，印度有女子被姦殺，甚至於有女性歐美遊客被姦殺，這與我聽到的和我看到的似乎很不一樣。怎麼解釋？」仁波切回答說：「由於對老弱婦孺尊重禮讓，已經形成了一種文化，因此印度媒體與老百姓對於發生這種犯罪都特別氣憤和重視，新聞會報導是很正常的。而這些罪犯除了接受法律制裁以外，服刑完畢回到社會，還會被左鄰右舍唾棄看不起。」

由於經濟發展迅速，印度過去十幾年的成長路徑，和中國大陸改革開放以後的狀況非常類似，有一部分的人先富起來了，就連這種鄉下地方也一樣。我經常在佛學院外散步，走入農村和山谷，看看當地人的居住環境和生活。經常可以看到許多宛如歐洲小別墅的新建庭園，和用土塊建造的老舊殘缺房屋比鄰而居。只見新房子的老人和舊房子的老人，拉著椅子坐在一起曬太陽聊天。舊房子的老人毫無貧窮低下的表情，笑容依舊燦爛。居住環境有天壤之別的鄰居，也不會自慚形穢或是驕傲炫富。

印度人非常能夠接受天命，安貧樂道，不起憎恨和羨慕之心。這樣的精神和文化，在改革開放過程造成貧富差距拉大的現象時，是一股穩定社會、保持平靜的力量。

仁波切說，不要看到印度人居住環境的髒亂，就認為印度人不喜歡乾淨。居住環境的髒亂確實存在，但這是他們的經濟落後所造成的，老百姓對這些髒亂現象也束手無策。如果有機會能夠進入印度人的家裡，你就會發現他們的家裡非常整潔。印度人尤其重視衛浴間的清潔，家裡不管再怎麼窮，衛浴間一定要保持乾淨，備好一盆清水，在方便之後清潔、水洗使用。這讓我聯想到，在印度賣衛生紙，可能市場不大，但是在印度的經濟騰飛、國民所得提高之後，或許免治馬桶會有很大的市場。

結論

一、在今天網路發達的時代，媒體新聞競爭激烈，真假新聞充斥。全球化讓地球上不同地區的距離更加接近了，但這些趨勢雖然擴大了我們的眼界和知識，卻也更加固化了我們的刻板印象。

二、刻板印象一旦形成以後，非常難修正。只有放空自己，保持無知的心態，才能夠進入未知的領域。

三、今天的台灣處處政治鬥爭，造成經濟困頓，我們應該學大陸的狼性，或是學印度人的平和、沉穩和善良？

23

出題目的人永遠不會答錯

雖然上的是中文課，講台上的老師卻口沫橫飛，大談實體經濟和虛擬經濟，而我也一如既往，專心聽課並且做著筆記。突然老師點名我了，「就是你，你站起來回答。『價格高貴不貴』是實體經濟還是虛擬經濟？」

我不禁在心裡頭嘟囔著，這是哪門子的問題呀？這叫我怎麼回答？反正就是個二選一的問題吧，總有一半的機率是對的。腦子裡快速地轉了一下，「價格高貴不貴」肯定是要跟消費者的收入做比較。高收入的人認為產品高貴但是價格並不貴。對於低收入的人來講，價格肯定就是比較貴了。這都是心理上的感覺，於是我很有把握地就回答了：「虛擬經濟！」

誰知老師聽了之後就劈頭罵了：「價格是很實在的東西，怎麼會是虛擬的？發你薪水的時候，你拿的鈔票是不是實體的？你花錢去買的東西是不是實體的？『價格高貴不貴』當然是實體經濟！」

接著老師轉過頭去，對著一個新來的同學說：「來，你站起來回答，是實體經濟還是虛擬經濟？」才新來兩三天的同學立馬站起來，大聲地回答說：「實體經濟！」於是老師讚賞地說：「你看看！你們看看！名校轉過來的這位新同學果然是不一樣，你們這些老同學應該要多多向人家學習。這位新同學的回答就比你強。」

我心裡不禁嘀嘀咕咕地抱怨，這是哪門子的問法？二選一的答案，我既然答錯了，那麼叫另一個人回答，肯定不會答錯。難道老師是存心修理我？可是，老師學識淵博，天縱英明，怎麼會用這麼搞笑的方法來修理我呢？我思考了幾天以後才恍然大悟！

其實老師不是在修理我，也不是在教導我，他是在教育新同學：老師是永遠不會錯的。出題目的人永遠不會答錯！因為，即使是這種二選一的問題，老師的心中都可以有兩個正確答案。不管你回答的是哪一個，他都可以用另外一個答案來說你錯了。或許學生們都覺得老師的這種問法很搞笑，但是老師自己肯定不認為這樣的問法有什麼不對。

以上的故事是真實的，但是「場景」各位可以自己變換。在學校的場景，就是老師和學生；在企業的場景，就是老闆和員工；在政府的場景，就是長官和下屬；在宗教團體的場景，就是seafood和信徒。*

在你週遭，這種劇情是不是也曾上演過呢？看透了道理，也就不覺得奇怪了。

* 編注：seafood原為「海鮮」之意，因為與「師父」一詞的國語、粵語發音接近，網友便以seafood來戲稱「師父」。

24 商場上的另一種功力：論飲酒

不論是創業或就業，都免不了要在商場裡打滾，就會有應酬喝酒的時候。中國人好客是有名的，兩岸三地的華人社會宴請時，為了要達到賓客盡歡的地步，一定會催酒、勸酒，難免會有不勝酒力醉倒的情況發生。怎麼辦呢？在我過去四十年的職業生涯裡面，應酬喝酒是不可避免的，因此也學到了各種各樣的方法來應付這種場面。

就是不喝

有人就是堅持不喝，並且公開地說「生平滴酒不沾」。至於不能喝酒的理由百百種，就各自表述了。但是這種做法一定要堅持到底，不管公開場合、私下場合，都必須堅守原則，滴酒不沾。否則一旦被發現以後，這個理由就再也不能用了，而且會失去客戶或朋友的信任。

酒量的高低

有人說酒量是遺傳的、是天生的。但是根據我自己的經驗，酒量的高低跟以下幾個因素有很大的關係。

身體狀況不好的時候，例如生病了，或是前一晚失眠沒有睡好，酒量都會變差，很容易喝醉。心情不好的時候，也特別容易喝醉。李白在〈宣州謝脁樓餞別校書叔雲〉中說：「抽刀斷水水更流，舉杯銷愁愁更愁。」我的經驗確實是如此，借酒澆愁肯定非常容易醉。

宋朝歐陽修〈遙思故人〉中有言：「酒逢知己千杯少，話不投機半句多。」如果跟好朋友喝酒，心情愉快、氣氛高漲，不太容易喝醉。但是碰到應酬的場合，各種各樣的人都要應付，就未必能夠碰到好酒伴。

自己經常喝的酒，對酒性比較熟悉，所以不容易喝醉。但如果是從來沒有喝過的酒，第一次嘗試時比較容易喝醉，讓酒量似乎立刻打了折扣。

避免喝醉的一些小技巧

一、掌握酒瓶

在喝酒的場合中，如果你的輩分不高，地位比同桌的其他人低，那你首先可以做的就是「掌握酒瓶」。掌握酒瓶有很多好處，首先表示你知道輩分、懂得禮貌，幫同桌的別人斟酒。等你站起身來繞著桌子幫別人斟酒的時候，就少喝了好幾杯。

掌握了酒瓶，當然也就掌握倒酒時候的分量。倒別人酒可以多點，倒自己或自己人酒的時候可以少一點，又占了一些便宜。不過，這一招在酒過三巡以後，就比較沒有人注意和計較了。

二、控制話題

例如主動發表言論，或是講講笑話，那麼當你在說話的時候，又少喝了幾杯。如果有人打斷你的話，要跟你敬酒，你可以說：「等我把話說完再喝。」等你話說完的時候，敬你酒的人可能也都忘了，忙著去找別人喝酒了。

三、接電話

在一輪猛喝之後，你必須抽空休息，這個時候接電話是最好的理由。假裝接電話，站起來大聲說兩句，順勢走到室外去喘口氣，呼吸點新鮮空氣，趁機休息。

四、抽煙或尿遁

跟接電話是一樣的道理，喝酒不要喝太猛、不要喝太快，更不要連續喝，所以適當地離開戰場是有必要的。

五、避免被圍毆

在敵眾我寡的情況下，即使大家酒量相去不多，但是由於人數相差懸殊，就比較容易形成圍毆的場面。這時候，可以在一開始的時候換大的杯子，將每人的酒杯倒滿。這個舉動，光是氣勢就可以震懾住大家。接著解釋規則，「我們理性喝酒，不要乾杯」，此時一定會有酒量較差的人附和。

規則可以是這樣：「每個人喝一口的量有大有小，所以大家隨意喝。但是只要同桌中有一個人整杯喝完，其餘的人不管杯中剩多少酒，都一口乾掉，然後每個人再重新倒滿一整杯。」這種喝法，就是純粹拚酒量，保證每個人喝得一樣多，避免形成人數少的一方被圍毆。

另外，這樣也比較不用擔心喝酒的速度。因為同桌的人之中，一定有酒量比較差的，他們會主動跳出來維持秩序。當有人快喝完一杯的時候，酒量差的就會出來勸他喝慢一點。

觀察形勢、知己知彼

喝醉之後不見得會立刻趴下，喝醉到趴下之間會有一段時間，每個人的這一段時間都不一樣。有的人一喝醉立刻趴在桌上，有的人喝醉以後還不自覺，還會更主動找人大杯乾，而且特別會纏人不放。因此要觀察情勢，避免和已經喝醉的人繼續糾纏。

怎麼判斷自己有沒有喝醉呢？當你第二天醒來以後，頭痛欲裂之外，會有一段時間完全沒有記憶，這就是「從喝醉到趴下」的那一段時間。所以會喝酒的人不是不會醉，只是他知道自己什麼時候快醉了。因此掌握上述的一些小技巧，可以避免自己在「從喝醉到趴下」的這段時間中，做出一些「有酒量、沒酒品」的事情。

除了了解自己之外，還要觀察別人是否已經喝醉了——知己知彼，才能百戰百勝。

昇華飲酒的境界

宋蘇軾詩〈於潛僧綠筠軒〉有云：「寧可食無肉，不可居無竹。無肉令人瘦，無竹令人俗。」喝酒豈可無詩？飲酒無詩才真正令人俗。因此，在這篇文章結束之前，我把我最喜歡的一首詠酒詩分享給各位。

明朝萬曆學者蔣一葵，著有《堯山堂外紀》一百卷。在〈卷三十二．唐〉中收錄了一首一到七字的「詠酒」寶塔詩。寶塔詩雖為遊戲之作，然而必須有步驟、有層次，否則疊床架屋，有何意味？而且切忌湊合、板滯等毛病。我特別喜歡這首寶塔詩，節錄如下與讀者們分享，希望讀者能夠深入詩中的意境。

開成初，白傅分司東都，諸朝臣祖送。裴休有令，各取一物為詩端，從一字至七字成章，須有離情之意。

詠酒　一至七字

酒，酒。
酌來，飲取。
君莫訴，時難久。
偏樂少年，能娛老叟。

對月不可無，看花必須有。
于髡一醉一石，劉伶解醒五斗。
臨行強戰三五場，酩酊更能相憶否？

這首詩無一複語、無一重筆。起頭六句說的是飲酒必須有德，七、八兩句說老少咸宜，九、十兩句說對月、看花皆宜，十一、十二兩句尋出兩個古人作詩，末兩句回顧前事作結。瀟灑風流，真的是詩中聖品。

淳于髡一醉一石

關於「于髡一醉一石」有個故事。戰國時期，楚國大舉進攻齊國，齊威王派大夫淳于髡前去趙國求援。趙王派精兵十萬、戰車千乘，以助齊國擊退楚國，楚軍聞訊連夜撤軍。齊威王大擺酒宴，邀請淳于髡，並賜美酒給他。齊威王問：「先生酒量如何？能飲多少才醉？」淳于髡回答：「我的酒量，一斗可醉，一石可醉。」

齊威王疑惑：「一斗就醉，怎能飲一石？」淳于髡答道：「飲酒的場合，氣氛興致不同，酒醉的量也不同。不過大王應該注意，那就是『酒極則亂，樂極則悲。萬事盡然，言不可極，極之則衰』。」齊威王聽出淳于髡的話，是規勸自己不能沉溺於飲酒作樂中，否則國家必會衰弱，於是從此不再長夜飲酒。

劉伶解醒五斗

在古時的中國，文人與酒總是有著千絲萬縷的關係，文人們喜歡以酒作詩，或是在酒桌上與好友笑談歲月。很多詩人也是以愛喝酒出名，比如詩仙李白、酒聖杜康、東晉詩人陶淵明等等，他們愛酒卻不嗜酒，唯有一人嗜酒如命，他就是魏晉詩人劉伶。劉伶是晉代「竹林七賢」之一，文采自然不俗，但他喝酒的本領比在文學方面更出色。劉伶以酒成名，成了舉世無雙的酒鬼。世間萬物皆可成就名人，借酒成名不足為奇。

淳于髡酒量有一石，劉伶在酒醉後再喝五斗就醒了。究竟是哪個人酒量比較高？

25 談新創，再論飲酒

二〇一七年十一月十四日晚上，由我的「Terry&Friends」（下稱T＆F）台北群和T＆F臉書粉絲專頁的小編Simone做東，在民生東路桐花客家菜餐廳，宴請我的鐵桿臉書粉絲們。Simone、傅瑞德（Fred）＊和我提前一個小時到餐廳，延續上一次的話題，繼續討論傅瑞德東山再起，建立「吐納商業評論」網站，如何創造新的生意模式。

知識經濟：賺沒錢人的錢

首先我們討論了大陸「知識經濟」的模式，網路媒體如「知乎」、「得到」，各種高端社群如長城會、正和島、木蘭會、黑馬會等模式，或是由兩位公關公司小女孩於三年多前創立的「行動派」，提供二十到三十歲白領女性各種實用的技巧課程。†

上面提到的這些新創，目前都做得紅紅火火、賺得盆滿缽滿的。但是，**我認為知識經濟在台灣很難生存。**第一個原因就是市場規模太小。第二個原因是，台灣的知識分子和白領都遠比大陸的要進化，已經不再是處於「狼性」的階段，而是進化到更成熟的思想和更高層次的文化境界。要台灣的年輕人放棄週末或下班以後的時間，為取得更多知識、技巧、人脈而付高額的費用，形成一個生意模式，是非常困難的。我輔導過在這個領域的幾個新創，也都以失敗收場。

* 編注：傅瑞德（Fred）為「吐納商業評論」網站主編，曾任雜誌總編輯與社長，並創立全球第一份擁有ISSN國際編號的中文電子雜誌「MacZin」與多家數位媒體，在資訊與出版業有超過三十年的資歷。本行是商管，橫跨網路、科技、商業、語言、軍事等領域，也曾在大學中文系任教。目前擔任多家企業與新創公司的媒體策略、產品行銷、語言應用顧問。傅瑞德為筆名。

† 編注：關於知識經濟與「行動派」，讀者可參閱《創客創業導師程天縱的專業力》書中，〈策略制訂之五：案例——PressPlay與知識經濟〉與〈策略制訂之六：案例——行動派與知識經濟〉兩篇文章。

逆向思考：賺有錢人的錢

我個人還是認為，做生意要賺錢，還是要賺有錢人的錢。網站的會員只能當作新生意模式的「資源」，而「目標客戶」還是要找大企業，利用「資源」來滿足大企業客戶的需求，或是解決大企業客戶的痛點。遵循傳統的做法，想要從社群或網站的會員收費來維持經營，已經有很多例子證明不可行，最近的例子包含台灣的HW Trek和美國的TechShop，都已經結束營運。

尤其「吐納商業評論」的社群非常專業、非常小眾，即使放眼海峽兩岸，也非常難找到類似的垂直細分社群。因此，每一個專業社群所對應的規模化企業應該不難找到。只要能夠深入了解這些專業企業客戶的需求和痛點，利用「吐納商業評論」的專業社群資源，必定能夠高度滿足這些企業的需求，為他們創造價值。

提早開始的晚餐

沒想到約好七點的晚餐，卻因為六點三十分就幾乎已經全員到齊，而決定提早開始。關於新創生意模式的話題，只好就此打住，擇日再談。

參加晚餐的朋友們來自各行各業，跨度挺大的。如同以往的餐會，每個人都怕酒不夠喝、話不盡興，因此都帶了美酒來助興。桐花的客家美食，搭配美酒，話題就圍繞著「飲酒」扯開來了。

一旦進入職場，不論是創業或就業，不論是內部聚餐或外部應酬，除非個人從不喝酒，或是當天自己開車，否則都免不了要飲酒助興。於是我分享了我這幾十年在商場上應酬喝酒的一些心得，順便提供給讀者們參考。

快酒慢酒與酒膽酒量

在商場上打滾的人，多多少少都有一點酒量，與其說是「酒逢知己千杯少」，不如更正為「酒量相當千杯少」。三杯黃湯下肚以後，微醺之際哪管得了知己不知己。如果雙方酒量不相當，酒量弱的一方可以看看我上一篇文章的建議，教你如何自保。就怕雙方酒量相當、棋逢敵手，那麼就有可能千杯少，喝翻了。

酒量好的人，有兩種喝法。一種是喝快酒、喝猛酒，上來就大杯大杯地乾，恨不得立馬將對手喝倒在地。這種人我把他們叫做「擅長喝快酒」。喝快酒的人往往會產生震懾的作用，令對方不敢主動挑戰。商場上有這麼一句話：「天下武功，唯快不破。」但是在喝酒的場合，可就不見得是這樣了。除非酒量通海，否則喝快酒的人必定不能持久，如果不知道節制，往往是自己把自己灌醉了。

常聽到人家說「我沒有酒量，但是有酒膽」，然後找你大杯乾。這種人你就要注意了，其實他不見得是沒有酒量的。有「酒膽」的人通常就是這種有酒量，又喜歡喝快酒的人。如果你酒量還可以、但不能喝快酒，碰到有酒膽的人時，在上半場就要保守，能躲則躲、能閃則閃，等到下半場再拚輸贏。

酒量好，又喜歡喝慢酒的人，通常都會混酒喝，這個時候就要記住一個原則：「後酒壓前酒」。也就是要從酒精度數低的開始喝，越往後喝酒精度數越高，這就是所謂「後酒壓前酒」。最糟糕的是「前酒壓後酒」的喝法，到了下半場時，喝的是酒精度數低，而且是啤酒、香檳酒、氣泡酒之類有氣泡的。這種喝法的人，往往會醉得特別快。

論酒品

一般人說「酒品」好，指的是那些知道自己的酒量，懂得節制，只喝到微醺但不喝醉的人。然而事情往往不如人願，總會出現「人有失手，馬有亂蹄」的時候，而喝醉時，又可以看出一個人酒品的高低。

一個人從喝醉到倒下去不能動，中間有一段時間差，第二天酒醒之後，這段時間就像電影斷片一樣，一片空白、完全沒有記憶。根據我這麼多年的經驗和觀察，每個人斷片時間的長短都不太一樣。有的人喝醉了就馬上趴在桌上，叫也叫不醒；有的人喝醉了不但不會倒下去，而且還到處找人猛灌酒，時間可以長達一兩個小時。為什麼會這樣？只能歸因於每個人的體質不同。

在我的定義裡面，喝醉以後斷片時間短的，就是酒品好；斷片時間非常長的，就是酒品不好。碰到這種喝醉以後酒品不好的人，我只能勸你不要計較，能躲多遠就躲多遠。

知己知彼，賓主盡歡

我是屬於那種有點酒量，可以喝慢酒，可以喝點混酒，酒品又不錯的人。你是屬於哪一種呢？你要了解自己，在商場上喝酒的場合才不會鬧笑話，也才能給別人留下一個好印象。

至於同桌的朋友，也要了解他們屬於哪一種。如果是經常一起聚餐喝酒的好友，就應該清楚了解對方。如果是第一次見面，那麼剛開始的時候就要仔細觀察，心裡要有數，才知道這頓飯怎麼吃、這場酒怎麼喝，才不會失禮，才可以賓主盡歡。

最後還要提醒我的朋友們，最重要的一點是**酒後不要開車**。千萬記住！

26 我的臉書社群研究（一）

我使用臉書的時間並不長。兩年前（二〇一五年），* T＆F創客創業社群台北群群主Simone建議我，可以使用臉書來跟台灣的創業朋友們交流，於是我就開始了在臉書的奇妙旅程。我在二〇一五年十一月開始在臉書上發表文章，到今天還不到兩年，但在透過它發表文章與網友的交流之中，我發現了一些有趣的現象。今年八月二十八日，我在臉書上面發布了一篇文章，標題是〈鄭重推薦〉，把我初步發現的有趣現象分享如下。

* 編注：本文首次發表於二〇一七年十月十六日。

八月時的觀察

我總共有三個臉書帳號，第一個帳號是最老的（下稱ＦＢ1），於二〇一五年年底啟用，第二個帳號是在第一個帳號好友滿五千人之後，再另外開啟的新帳號（下稱ＦＢ2）。第三個帳號，是我的「Ｔ＆Ｆ創客創業社群」台北群的群主Simone在二〇一五年年初幫我建立，並代為營運的一個粉絲頁帳號（下稱「粉絲頁」）。＊

在這三個群組中，我發現了幾個有趣的現象：ＦＢ1朋友的平均年齡在五十歲左右，而ＦＢ2朋友的平均年齡則在三十五歲左右。粉絲頁則無法統計，我估計落在四十歲左右。

目前ＦＢ1的朋友已滿五千人，追蹤者有九千兩百人（這是八月的數字，如今有一萬一千兩百人）。ＦＢ2朋友也滿五千人，追蹤者有五千兩百人（現在是五千七百人），粉絲頁則有六千四百人（目前是六千六百人）。

我的每一篇貼文都同步發表在這三個臉書帳號上，而朋友們的按讚數也有固定的規律和比例：通常是ＦＢ1按讚數量最高，ＦＢ2則只有ＦＢ1的一半，而粉絲頁則又是ＦＢ2的一半左右。

我把最近一個多月的幾篇貼文，以及三個帳號的按讚數量，做了綜合統計，附在本文的最下面。我挑選的這四篇貼文中，剛好包含了最高和最低的按讚數。其中按讚數最高的，是七月二十七日發布的貼文，敘述我剛出道在小公司幹業務的心得，總共有一萬一千七百七十個讚。最低的則是我八月二十七日一篇關於「惠普和德州儀器企業文化的差異」的貼文，只有四百五十七個讚。

偏偏這兩篇破紀錄的貼文，又打破了固定的規律，比較異常的現象都出現在ＦＢ２，最高和最低的讚數都出現在那邊。

基於好奇心吧，在這篇文章發布後，我又花了很多時間，針對ＦＢ２帳號的朋友們做了比較深入的調查研究。相信以下的這些新發現，對於擁有眾多臉書朋友的人都會很有幫助。

＊編注：ＦＢ1的網址是http://bit.ly/2EcvaPz，或掃描：；ＦＢ2的網址是http://bit.ly/2E8toiq，或掃描：

；粉絲頁的網址是http://bit.ly/2DfIUJX，或掃描：

粉絲經濟的洋蔥圈

中國大陸在互聯網和社群營運的經濟模式上面已經追上歐美了，我就用大陸流行的「粉絲經濟」結構，來分析一下我的臉書朋友和追蹤者的構成。首先，讓我用「粉絲經濟洋蔥圈模型」來解釋一下粉絲經濟的構成（圖26-1）：

一、**親友團**：要利用粉絲經濟來推廣產品，首先要從核心的「親友團」開始。親友團一定是你最可靠的、最忠實的盟友。

二、**粉絲團**：透過親友團的幫忙和推廣，加上產品本身的價值，就建

圖26-1：粉絲經濟洋蔥圈模型

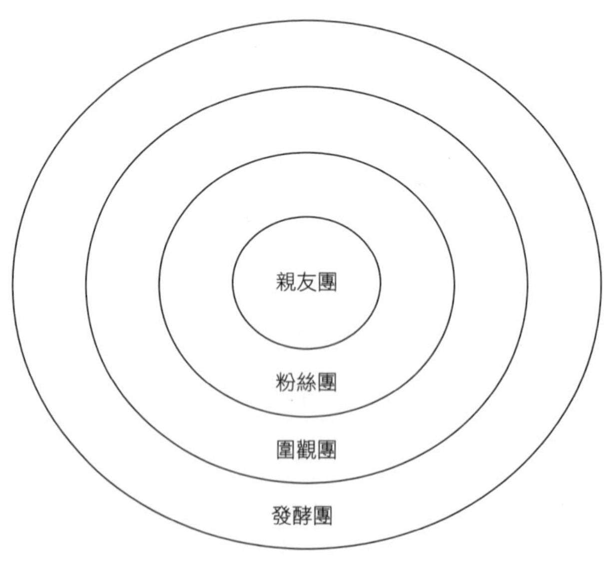

立了第二層的「粉絲團」；

三、圍觀團：隨著親友和粉絲的口碑推薦產生了連鎖反應，聚集了第三層的「圍觀團」。

四、發酵團：接著就如同滾雪球一般，品牌在消費市場發酵，就產生了第四層的「發酵團」。

假設以每個人帶動十個人的方式來推廣，當你有一百人的親友團時，那麼粉絲團就會達到一千人的規模，產生一萬人圍觀的效應。最後在消費市場的發酵，它的力量就不止十倍了。透過互聯網的傳播影響，可能是五十倍或一百倍，那麼你就會有五十萬到一百萬的潛在客戶，這就是所謂的「粉絲經濟」。

FB1和FB2的粉絲結構

在過去一個半月中，我利用各種零碎時間和固定的臉書使用時間，來點閱各個朋友帳號，看看他們的動態時報（timeline）。在FB1中，我大約看了一千人，在FB2中則看了超過兩千人。

我的定義是，凡是我認識的親戚朋友中，會對我的臉書文章點閱、按讚、分享的，全部歸類在親友團裡。如果是我只見過一兩次面、認識不深，或是完全沒見過面，但固定會對我的每篇文章點閱、按讚，還有一部分是會分享的臉書朋友，我都把他們歸類於第二層的粉絲團。

我的臉書朋友通常只點閱他們有興趣的文章，所以不見得每一篇都會點閱，但不按讚、不分享的，我就把他們歸類為第三層的圍觀團中。最後，加我為朋友或是追蹤我的人之中，大部分時間都在潛水，幾乎不點閱我的文章、也不會按讚或分享的這些朋友，我則把他們都歸類在第四層的發酵團。

圖26-2：FB1 好友及追蹤者

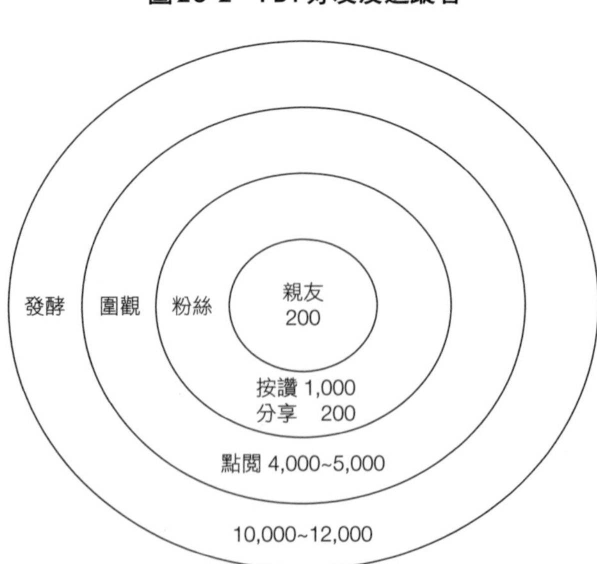

我發現，FB1和FB2的組成有著基本結構上的不同。在FB1帳號裡，發酵團占了七〇%左右；在FB2帳號裡，發酵團超過九〇%。如果只估計親友、粉絲，以及圍觀的絕對人數來講，FB1大約是FB2的五倍以上。

我發表文章的目的，就是希望能夠分享、傳承我過去四十年專業經理人的管理思維和經驗，希望能夠為我的臉書朋友和下一代的年輕人創造一些價值。由粉絲經濟洋蔥圈結構圖來看，親友、粉絲、圍觀的朋友們，都能夠得到我文章創造的價值。至於發酵團的朋友們，因為跟我是零互動，所以換句話說，我並沒有為他們創造任何價值。

圖26-3：FB2好友及追蹤者

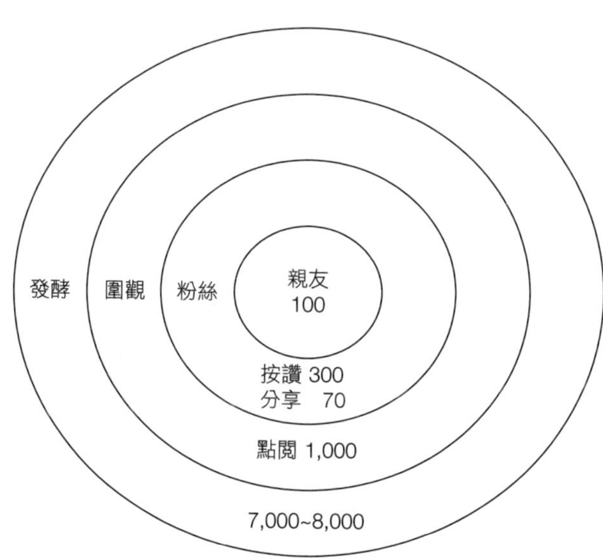

目標用戶

這裡就必須談一談我的「目標用戶群」，他們應該是能夠從我的管理思維和經驗裡，真正得到啟發和價值的一群人，所以我把過去花了一個多月、點閱兩個臉書帳號中超過三千個朋友的心得做了一個分析。我的目標用戶群以優先次序來分，應該是：

一、科技領域的專業經理人和創業老闆；
二、傳統產業的老闆和專業經理人；
三、創客和創業團隊；
四、產業界的白領和藍領；
五、教育和學術研究人員；
六、新聞媒體；
七、政府公職人員。

在FB1帳號中，上述主要目標用戶群所占的比率非常高，而FB2中的目標用戶群占的比率就比較低。這也說明了為什麼同一篇文章在兩個帳號的點閱率和按讚數會有這麼大的差異。

來自FB2的經驗

二〇一五年年底，我開始在臉書上發表文章，謝謝許多台灣網路紅人和大咖轉貼我的文章，邀請成為我臉書朋友的人快速增加。一開始的時候，我還有時間先看看這些邀請者的背景，但是隨著人數快速增加，我就沒有辦法一一檢視了。只要是邀請的，我都接受。

當我的第一個臉書帳號朋友滿五千人之後，我開了第二個帳號，以便讓想要成為我臉書朋友的人可以加入。那個時候，幾乎每天都要接受數十、上百個交友的邀請，光是點「接受」都要花上很多時間。

現在回想起來，我覺得當時自己真的很幼稚。我認為邀請成為我朋友的，必定看過我的文章，希望繼續學習我的管理經驗。所以，對

表26-4：程天縱臉書文章點讚統計

	7/27初出道	8/23年少輕狂	8/27企業文化	8/28偷雞蝕米
FB1	4,669	1,484	261	736
FB2	5,626	646	86	321
粉絲頁	1,475	351	110	163

於這些邀請感謝都來不及，怎麼會拒絕呢？

網路上的假人和機器人

先是我的臉書好朋友、也是台灣創客界的名人朱拉面警告我，網路上有許多「假人」和「機器人」會盜取別人的帳號，或是自己創造一個帳號。它會先申請加為朋友，然後再竊取朋友的個資，所以要我小心謹慎，不要任何邀請都無條件地接受。

雖然這個訊息來得晚了一點，但是讓我增加了警戒心，之後對於所有邀請都會想辦法辨別一下，確定是「真人」才接受。但當時我還是沒有目標用戶群的概念，只是幼稚地認為，所有的人都可以從我的文章裡面得到啟發、得到幫助。

「發酵團」裡都是些什麼人？

在我簡單的腦袋裡，以為邀請我成為朋友的，都單純是希望成為我的粉絲。因為我只有一年半的臉書使用經驗，對於臉書和網路上的知識非常缺乏。因此從一個多月前開始，我開始深入去了解我的臉書朋友們都是幹什麼的。

讓我驚訝的是，FB2上的朋友來自各行各業，大部分是從事風水勘輿、房屋仲介、保險、網路拍賣、珠寶工藝品、律師、投資理財、建築師、醫師、老師、軍人、家庭主婦、美容髮廊，甚至還有外勞等等。然後我才理解，**這些來邀請交友的人，並不是想成為我的粉絲，而是邀請我成為他們的粉絲。**因此，我在網路上和臉書上就成了很多人的圍觀團或發酵團成員了。難怪他們從來不看我寫的文章，也從來不跟我有任何交流。

文字與影像

我的另外一個重大發現，是我的目標用戶群大部分都使用文字或文章在臉書上交流和分享，而不在我目標用戶群中的朋友，多半喜歡用影片或圖像來溝通交流。因此，我看到的這些非目標用戶群在臉書上轉貼分享的影片，幾乎都是一樣的東西。

在我的目標用戶群裡面，對文章發表形式的喜好和接受度也不一樣。我發現我寫的文章如果直接發表在臉書上，無論點閱率、按讚數或是分享數，都比經過專業編輯過以後的貼文來得更高。所以，往往我信手拈來、隨筆寫寫的輕鬆文章，反而比我花了很多時間總結很多經驗和理論的文章更受歡迎。

改變臉書朋友的構成

人真的是活到老學到老，像我這個年紀的人，對於網路工具的使用還算是新手，因此過去一個多月的研究，讓我對臉書朋友的構成有了更多了解。為了讓我的文章能夠接觸到目標用戶群，以創造更大的價值，也為我自己得到更多的動力，我在過去兩個星期中，開始每天花兩三個小時刪除非目標用戶群的朋友，以便讓更多目標用戶加入FB2，成為我的臉書朋友。

請朋友們幫個忙

我已經在我的FB2臉書帳號裡，刪除了一千八百個非目標用戶的朋友。我在FB2帳號的頭像，是我手拿著一個「創客軍師」的摺扇，只要在臉書上用我的中文名字「程天縱」搜尋，就可以找到。為了增加我的目標用戶群的比率，為我的文章創造更大的價值，希望我的臉書朋友們依據我的目標用戶定義，介紹你們符合這個條件的朋友加入FB2帳號。

此外，也請新朋友在送出邀請給我的時候，先在他們的臉書動態時報上分享我這篇文章。那麼，我只要一看到分享這篇文章的朋友邀請，就知道他們不僅是真人，而且還是我的目標用戶群。謝謝大家！

27 我的臉書社群研究（二）

自從上次貼出了〈我的臉書社群研究（一）〉一文之後，得到了許多朋友的鼓勵與支持，紛紛應我的要求轉貼分享，然後加我為朋友。雖然我寫的每一篇文章，或許只有短短一兩千字，但都會花上至少兩三個小時。從構思、寫下、搭配照片或是圖片，再經過措詞修改，這段過程確實滿辛苦的。

緣起

我在公開演講的場合說過許多次，退休以後並不是「不工作」，差別在於不再做「有壓力的事情」。於是我選擇整理過去的管理方法和經驗，透過臉書將我的經驗傳承給還在職場上奮鬥的年輕人，希望讓年輕朋友們能少踩幾個坑、少犯點我犯過的錯。

沒想到每篇文章都得到許多迴響，許多臉書朋友們留言感謝我每一篇文章帶給他們的啟發和學習。於是，如果過一陣子沒有寫文章，我就覺得自己很懶散頹廢，沒有繼續滿足朋友們的期望。這樣一來，反而無形中帶給我自己很大的壓力，真的是始料未及。

「我的臉書社群研究」目的很簡單：既然我辛辛苦苦寫了這些文章，當然希望能夠廣為分享，閱讀的人越多，我得到的回報就越大，創造的價值就越多。

目標用戶群

我的文章並不是對所有人都有價值，所以必須分析一下我文章的目標用戶群：他們應該跟我有相似的職業生涯和經歷，能夠從我的經驗中得到很多共鳴和學習。

真正引起我對臉書朋友們做深入研究的導火線，反倒是因為我的兩個帳號上面，同一篇文章得到的迴響和回饋有很大的差異。因此激起了我的好奇心，想看看這兩個帳號的朋友圈，在結構上是否有所不同。

剛開始時，在FB2上得到的按讚數和留言評論，都還不到在FB1上的一半數量。於是我決定從FB2開始研究，希望透過行動來改變臉書朋友的構成。目標則是讓FB2的點閱、按讚和留言評論的數量能達到FB1的水準。

我在上一篇文章中，已經把我的目標用戶群做了很詳細的描述。因此，我就依照我的用戶群圖像，來篩選臉書朋友，在短短的一個月內，我刪除了一千八百個非目標用戶群的朋友。以下，就讓我把我用的方法和各位分享一下。

尋找非目標用戶

在五千個朋友裡面尋找非目標用戶，是一件非常棘手的任務。我要用什麼邏輯來篩選、怎麼尋找？在在都令我很頭痛。

幸好，我在一年半前就設定了臉書朋友的生日通知，有空的時候就把每個生日朋友的帳號都瀏覽一下。如果時間比較少，我就只獻上生日祝福。我把這件事情，當成是我跟臉書朋友之間的一個重要聯繫。我每天都會收到十幾二十個朋友的生日通知，於是我決定從這些當天生日的朋友開始，進入他們的帳號來做更深入的了解。

從生日通知看帳號內容

在臉書帳號上，首先看的是最近貼文的日期。我從這一點發現了許多殭屍帳號，也就是最近的貼文都是半年、一年，甚至兩年以前的。這種沒有任何活動的帳號，都是我首先要刪除的。

接著看看他們的貼文，是屬於「文字類」的，還是「影像類」的。以我的目標用戶而言，多半是偏向使用文字或文章來溝通的。再來就是看內容。不管是文字、圖片或是影片，只要內容是非常單一屬性，例如政治、雞湯、宗教、書法、油畫、攝影、旅遊、美食等等的，都不是我的目標用戶，予以刪除。如果內容比較多元，我就會看看他們分享的內容，一直回溯到八月中旬，如果轉貼過我的任何一篇文章，我就將其保留，不予刪除。因為，我從八月中旬開始寫了一系列時間管理的文章，創造了我文章的按讚數和分享數紀錄。我只要確認他們曾經轉貼分享過我的文章，就是我的目標用戶。

如果還是無法確定，我就進入「關於」朋友介紹的部分，了解他們的學經歷、參加過的活動紀錄、曾經按讚的臉書帳號和專頁、參加的社團等等，從這些地方來看是否符合我目標用戶群的型態，以決定是要刪除還是保留。

可是，每天頂多只有二十個生日通知，一個月下來也只能看兩三百個朋友，如何能夠過濾並刪除一千八百個非目標用戶呢？後來我發現了一個非常有效的方法，有興趣整理臉書朋友名單的人可以試試看。

層層深入「共同朋友」

當我發現一個非常確定的非目標用戶時，就點進他的「關於」看自我介紹，並找到「共同朋友」一個一個點進去看，而這些共同朋友有八九成的機會也是非目標用戶。這樣一來，處理起來就特別有效率，一併刪除就是了。再從這些「共同朋友的共同朋友」一路點進去看，會發覺他們的屬性大都是一樣的。我曾經在比較有時間的時候，一路點進六層「共同朋友」，用這種方式處理非目標用戶群，就非常簡單而有效率。

例如有一些殭屍帳號，是一兩年都沒有任何貼文和活動的，而我們的共同朋友不外乎也是些殭屍帳號，或是不管真粉、假粉，還是殭屍都拿來湊數的「大吸粉機」。當然，這種「吸粉機」也不是我的目標用戶，因為他們根本不會去看粉絲的帳號和貼文。

動態消息

除了寫文章和朋友們分享之外，臉書也是我的重要學習工具。因此，我每天都會花一些時間來看看自己的動態消息，透過朋友們發表的心得、感想、精采的貼文等等，我在學習之餘也會和朋友們互動。

閱讀動態消息也成為我發現非目標用戶的方法之一。只要看到一些不堪入目的、血腥的、內容低劣的影片，或是一些外國文字的貼文，我就會點閱這些分享影片的朋友帳號，往往可以發現這些朋友也不是我的目標用戶。然後，再使用上述層層深入的方法，就可以很有效率地刪除掉一大批非目標用戶。

波及無辜

以上所說的方法，難免會刪除掉一些我的目標用戶，他們或許只是閱讀我的文章，偶爾按讚，不見得會分享。這些屬於圍觀團的朋友，從我的FB1和FB2的按讚數比率就可以看出來了。

在我開始採取行動之前，FB2的按讚數一直是FB1的一半左右。自從刪除了一千八百個FB2朋友之後，FB2的按讚數就降到大約FB1的三〇%左右。我把這些被我誤刪的目標用戶朋友視為「波及無辜」（collateral damage，或稱為「間接受害者」），我對他們感到非常抱歉，希望他們可以再加我為朋友。

「臉書社群研究」的吸粉作用

上一篇〈我的臉書社群研究（一）〉除了分享自己的發現以外，也呼籲想要加我為臉書朋友的人，將這篇文章轉貼在他們的動態時報上，我就會接受他們的交友邀請。這篇文章果然發揮很大的傳播力量，被分享了五百七十次以上，所以我可以合理地認為，我至少在FB2加了五百個左右的新朋友。

由於我的「非目標用戶刪除行動」仍繼續在進行中，所以我的FB2朋友至今仍然維持在三千兩百七十位左右。也就是說，我在過去的一個星期中增加了五百個新朋友，但我也繼續刪除了四百多個非目標用戶，效果已經顯現出來了。我最近去北科大演講的一篇貼文，FB1按讚數目是七百九十個，FB2按讚數目也已經達到三百八十個，又回到二比一的比率了。

提升商業模式的轉換率

雖然我經營社群並不是一種創業行動，也跟電子商務無關，但是我這次改造「粉絲經濟洋蔥圈」的分析和實驗，確實帶來了明顯的效果，足以提供給在臉書或電商方面創業的朋友參考。

我在FB2的朋友改造行動會持續下去，當FB2朋友再滿五千人的時候，我相信許多指標都會反過來超過FB1。

這個實驗證明，目標用戶群越精準的話，我的文章點閱率、按讚數、留言評論數、分享數等等的轉換率，都會大幅度提高。這個結論對於在臉書、網路、線上線下社群創業或營運的朋友們來說，應該是個好消息：發揮你們的創意，尋找適合自己的模式，提高目標用戶群的精準度，自然生意模式的轉換率也會大幅提高。同樣地，每個潛在客戶的轉換成本也會大幅降低。

最後再提醒各位朋友，我的FB2朋友還有一千七百個名額，歡迎我的臉書朋友們大力介紹我的目標用戶，加我為朋友。記得提醒他們，先在他們的臉書動態時報上分享我這篇文章，再加我為朋友，這樣可以節省我很多時間。如果他們對於動態時報上的朋友閱讀有設定限制的話，請他們用Messenger先告訴我一聲。

再次感謝你們。

28 我的臉書社群研究（三）

或許每個人使用臉書的目的都不盡相同，但是大多數人都用它來當作聯繫親朋好友的社交工具。在聯繫的方式上，有些是以聯絡感情為目的，在版上分享些旅遊美食、家庭生活照；有以勵志為目的，分享心靈雞湯、長輩圖、農場文的；有些則是招蜂引蝶、呼朋喚友，曬各種個人自拍照、美圖照，襯以風景迷人的背景，吸引眾人目光。

此外，也有些是以運動、繪畫攝影、宗教信仰、政治理念等為主題，圍繞著個人興趣來分享，因此形成了「同溫層」，證明「物以類聚」的現象確實存在。

更有人以臉書為平台來做生意，例如直播拍賣、社群營運、網路行銷等等。對於這些人來說，為目標客戶群進行選定和優化，可以提升商業模式的轉換率，因此，臉書社群的分析和調整就更加重要了。

我為什麼要經營臉書個人平台

我在退休之後，則是以臉書為平台，抽空寫下過去四十年專業經理人職涯的經驗與感想，來聚集並分享給志同道合的朋友們。或許在某種程度上，我也是在創造一個「同溫層」，我有目標地在聚集上班族、專業經理人、創業者、企業老闆等等，願意學習管理理論和實務經驗的人。

雖然我並沒有什麼商業目的，但是我辛辛苦苦寫下來的每一篇原創文章，當然希望能夠分享給更多的讀者。除了出版書籍以外，更希望能夠透過臉書朋友和追蹤者得到一些回饋。

同時，我也希望透過臉書和朋友交流與互動。拜網路力量之賜，許多根本沒有見過面的臉書朋友，感覺好像交往已久。但俗話說「見面三分情」，光靠臉書和 Messenger 的交流互動，總覺得還是不夠親近。

我在一年前開始接受演講的邀約，*從而能夠和臉書朋友現場互動，順便增加許多新的粉絲和朋友。趁著我的第二本書出版，再加上春節將近，結合尾牙、春酒，我在台北、台中、高雄都安排了簽書會。於是，調整、優化臉書朋友的結構，對我而言就更重要了。

去年十月初，我開始對臉書社群研究分析，並且將我的研究成果寫成前面兩篇文章，發表在「吐納商業評論」網站和我的臉書上。這兩篇文章引起了廣泛的興趣，尤其是經營網路社群或做網路行銷的人。

今年一月七日，我寫了一篇文章試探臉書上的朋友們，如果集結我臉書上比較像自傳類型的「軟性」管理文章，並且出版成書籍，讀者們會不會購買。許多朋友不太清楚我的「軟性文章」是指什麼，所以我在表28-1中，列出了兩篇代表性的文章，分別是去年七月二十七日發布，關於一九七六年我初出道開始上班的故事，以及去年八月二

表28-1：臉書文章按讚統計（截至2017年10月15日）

	軟性文章		硬性文章		% （不含7/27）
	7/27 初出道	8/23 年少輕狂	8/27 企業文化	8/28 偷雞蝕米	
FB1	4,669	1,484	261	736	60
FB2	5,626	646	86	321	25
粉絲頁	1,475	351	110	163	15
小計	11,770	2,481	457	1,220	100
	14,251		1,677		

十三日發布的年少輕狂的故事。從表28-1的按讚數可以看出來，朋友們對我的軟性文章比硬性文章更感興趣。

此外，我另外又挑了三篇最近發布的文章，做了按讚、分享、留言的統計。（表28-2）

一、去年十二月二十六日發布有關海康威視的這篇文章（前文〈要留意紅色供應鏈，也要關注中國龍頭企業的崛起〉），是屬於比較硬性的管理文章。

二、今年一月七日發表的〈軟性管理書籍購買意願〉，比較類似問卷調查，屬於軟性的文章：http://bit.ly/30kuelH。

三、一月十日發表的短文和兩張照片，要朋友們猜猜哪個是我。這是一篇比較俏皮的軟性文章：

* 編注：本文首次發表於二〇一八年一月十一日。

表28-2：臉書文章按讚統計（截至2018年1月11日）

	12/26 〈要留意紅色供應鏈，也要關注中國龍頭企業的崛起〉	1/07 〈軟性管理書籍購買意願〉	1/10 〈猜猜哪個是我〉	%
FB1	1,141	1,728	481	59.7
FB2	434	821	233	26.5
粉絲頁	300	389	86	13.8
小計	1,875	2,938	800	100

http://bit.ly/30kZhxD。*

後面兩篇文章比較短，目的在增加和臉書朋友們的互動，確實也得到了很好的結果。

根據我過去的經驗，文章發布之後第一天和第二天是高峰期，會有許多人點閱和按讚，然後從第三天開始就下降非常快，一個星期以後幾乎就沒有人在看了。由於一月十號發布的文章今天才第二天，因此後續的統計數字還會增加，但是仍然可以參考。

按讚分析

從表28-1和表28-2來看，軟性文章的按讚數量遠比硬性文章要來得高，但從出版社的角度來看，硬性文章似乎比較能夠受到讀者的歡迎。

我聽到許多朋友說，臉書是一個社交的平台，用戶都比較喜歡速食式的短文、影片、圖片和照片。這或許有些道理，但是我的文章不管硬性或軟性，篇幅都相當長。我可以肯定，我的臉書朋友並不在乎我的文章長短，但我的軟性文章似乎更能夠觸動他們的心靈、更融入他們生活經驗中，才會得到更多的讚。

從朋友對一月七日〈軟性管理書籍購買意願〉這篇文章的留言中，我得到信心，如果集結成冊出版的話，也會受到讀者歡迎，或許銷量會比我已經出版的兩本書還要來得高。

分享和留言分析

從表28-3和表28-4的統計來看，可以發現一個有趣的現象：越硬性的文章，分享數量越多，但是留言越少；軟性文章則反過來，分享的數量越少，留言發表意見的數量越多。

但是，我在去年七月底到八月初在臉書上發表了四篇軟性文章，都是在敘述一九七六到一九七九年之間，我在一家小貿易公司得到第一份工作，所學到的業務技巧和經驗。

我只以FB1的數字為例子，按讚、分享、留言，都比我寫的硬性管理文章要來得高許多。但是，這四篇文章都沒有收錄在「吐納商業評論」網站和已經出版的兩本書裡面。†

如表28-5所顯示，這四篇軟性文章的分享數，反而遠大於留言數，這又與我上面的結論不盡

---

* 編注：〈軟性管理書籍購買意願〉一文可掃描：；〈猜猜哪個是我〉一文可掃描：

† 編注：這四篇文章後來收錄於作者第三本著作《創客創業導師程天縱的專業力》中。

表28-3：臉書文章分享統計（截至2018年1月11日）

	12/26 〈要留意紅色供應鏈，也要關注中國龍頭企業的崛起〉	1/07 〈軟性管理書籍購買意願〉	1/10 〈猜猜哪個是我〉	%
FB1	177	20	4	63.6
FB2	63	17	1	25.6
粉絲頁	28	5	1	10.8
小計	268	42	6	100

表28-4：臉書文章留言統計（截至2018年1月11日）

	12/26 〈要留意紅色供應鏈，也要關注中國龍頭企業的崛起〉	1/07 〈軟性管理書籍購買意願〉	1/10 〈猜猜哪個是我〉	%
FB1	39	190	70	57.5
FB2	21	97	55	33.3
粉絲頁	4	31	13	9.2
小計	64	318	138	100

表28-5：1976至1979年第一份工作經驗的軟文

FB1	7/27 〈我邁入經理人生涯的第一步〉	7/30 〈小公司學到的業務游擊戰術〉	8/04 〈在海關學到的職場第一課〉	8/09 〈第一次跑業務，為自己敲開第一扇門〉
按讚	4,777	2,122	888	1,084
分享	670	198	57	95
留言	145	77	41	30

符合。

我直覺的反應與解釋是，真正能夠觸動人心而且結合實務經驗的文章，必定能夠得到很高的按讚數和分享數。至於是否有留言，就不那麼重要了。

調整臉書目標用戶群

自從去年十月初，我開始調整兩個臉書帳號朋友的結構，刪除掉不是我目標用戶的人，包含許多殭屍帳號、假人，和從來沒有互動、點讚或分享我文章的人，至少刪掉了三千個。

從經驗裡學到教訓，我對於新加我為朋友的審核就特別謹慎。如果在他們的臉書上，我看不到他們轉貼〈我的臉書社群研究（一）〉這篇文章的話，我會先拒絕他們的邀請。然後透過Messenger請新加我為朋友的人，要先閱讀〈我的臉書社群研究（一）〉，了解我的用意，然後轉貼分享在他們的臉書上。

如果他們的臉書有設定限制閱讀的話，那麼他們就必須用Messenger告訴我。然後再由我來加他們為朋友。坦白說，這種做法有點不禮貌，也不符合我的個性，但是在沒有其他更好辦法的情況之下，我還是做了。

結果我發現有六〇%的人是已讀不回，再也不理我，仍然有四〇%的人會依照我的要求，轉貼我的文章，成為我的朋友。也因此，〈我的臉書社群研究（一）〉這篇文章居然得到了一千四百九十個讚、七百五十五個分享、八十三個留言，分享數目在我所有文章中創下最高紀錄。

這個案例證明，透過精心設計，確實可以提高臉書分享傳播的力量。但是有新加我的朋友說，這是故意在強迫別人打廣告，這倒是我始料未及的。

目標用戶群的改變

經過這三四個月的努力，我兩個帳號和粉絲頁的朋友和追蹤人數，統計結果如表28-6所示，已經超過四萬人了。我的FB2帳號尚有接近兩千個名額可以加新朋友。我FB2的頭像是我穿著黑襯衫，手上拿著一把摺扇，上面寫著「創客軍師」。

表28-6：臉書社群分析統計（截至2018年1月11日）

	FB1	FB2	粉絲頁
朋友	5,000	3,080	6,900
追蹤	13,232	6,012	7,327
小計	18,232	9,092	14,227
總計	41,551		

FB1和FB2按讚數的比較

促使我開始進行臉書社群研究，並採取行動來調整的主要原因，就是我FB2帳號的按讚數一直比FB1的一半還要低。我透過刪除FB2的非目標用戶，加入新的目標用戶，以縮短這兩個帳號之間的差距。那麼結果呢？

從表28-7左側的統計來看，十月十五日和一月十一日的按讚百分比來看，似乎沒有什麼改變，FB1占六〇％，FB2維持在二五％左右。但是考慮到表28-6的人數，FB2只有FB1的一半，將按讚數除以總人數以後的加權百分比來看，如表28-7右側所顯示，這兩個帳號已經非常接近了。

只要我持續將經過篩選後新加入的目標用戶，加在FB2帳號裡，等到人數相當的時候，FB2就會超過FB1了。

表28-7：臉書朋友結構調整前（2017年10月15日）後（2018年1月11日）比較

按讚%	表28-1（10/15）	表28-2（1/11）
FB1	60	59.7
FB2	25	26.5
粉絲頁	15	13.8
小計	100	100

加權後%	表28-1（10/15）	表28-2（1/11）
FB1	13.6	18.4
FB2	9.5	16.4
粉絲頁	4.4	5.5
小計	100	100

還有一件事

臉書只是一個平台，雖然有使用上的框框和限制，但是人類的創意是無限的，只要我們有足夠的想像力和執行力，在這個平台上還是可以創造出新的社交功能與社群模式。身為臉書使用者，我們可以創新的地方，就在於「內容」、「目標用戶」和「線下」的活動模式。千里之行始於足下，創新的第一步就從「了解問題」開始。我這系列的三篇文章就是一個例子。

29 我的臉書交流經驗與原則

二〇一五年年底我開始使用臉書，分享我過去四十年專業經理人的管理經驗和退休後的創業輔導經驗。

最早時，我的Ｔ＆Ｆ台北群主Simone幫我在臉書上建立了Ｔ＆Ｆ粉絲專頁，但是效果並不好，因此我開始使用自己的臉書帳號，來分享原創文章、聚集人氣。沒想到，我的第一個個人臉書帳號ＦＢ１的好友，很快就滿五千人了，於是應許多朋友的要求，我建立了第二個個人臉書帳號ＦＢ２。

在ＦＢ１接受朋友邀請的時候，我的創客圈好友阿亮和拉面都提醒我：臉書上有許多假人和機器人，會主動加你朋友，來騙取個人資料、盜取帳號，所以接受好友邀請的時候要小心一點，先檢視對方的臉書內容，以免上當。由於FB1沒有出什麼大問題，而且FB2的交友邀請如潮水般湧入，實在沒有時間去一個一個檢查，因此只要是邀請，我就全部接受。

結果造成了一個奇怪的現象，我在前幾篇文章裡有做過說明：FB2的按讚和分享數目遠比FB1低很多。因此我花了很多時間，把FB2的殭屍帳號和沒有互動的帳號，一共刪除了三千多個。

從FB2的經驗吸取了教訓，於是對於新的好友邀請，我都先用Messenger告訴邀請的朋友：

> 我設立臉書帳號的目的，是分享我過去四十年的管理經驗和過去五年的創業團隊輔導經驗。如果是為了閱讀我的原創文章而加我好友，請先在Messenger裡面回覆我一聲，我才會接受這個好友邀請。

站在對方的立場，我知道我的這種做法不太禮貌，會讓人覺得有點高傲自大，但我也沒有其他更好的辦法可以有效篩選臉書朋友。

這半年多來，我發覺真正想要閱讀我文章的朋友，會毫不猶豫地回覆我的Messenger訊息，希望能夠成為我的臉書朋友。但是也有接近一半左右的交友邀請，完全沒有閱讀我的Messenger留言，或是已讀不回。對於這種結果，我也沒有遺憾，因為這些人肯定不是我的目標用戶群。

我可以很負責地跟大家說，我的每一個新的朋友邀請，都是我親自用Messenger交流互動好幾次，才加為好友。

對於已經是我的兩個臉書帳號的好友，我也設定了生日通知。每天我都利用這個機會瀏覽一下當天過生日的好友帳號，順便留言互動、祝他們生日快樂。我也會利用這個機會篩選出殭屍帳號和非目標用戶的朋友，加以刪除。

在我這兩年半的社群經營中，我觀察發現了幾個有趣的現象，跟讀者們分享：

一、「志同道合」或是「物以類聚」的現象確實存在。我的臉書朋友和新增加的好友邀請，通常都會有許多共同朋友，很少出現完全沒有共同朋友的。

二、我的原創文章都聚焦在「經營管理」和「創新創業」的領域，很少涉及政治或有爭議性的話題，因此我的臉書朋友跨越藍綠、統獨、省籍、性別、年齡等等。

三、我的文章都是以提供正能量、宣導正面的人生觀，分享管理和創業經驗為主。因此，我的臉書朋友中幾乎沒有所謂的網路酸民，*也幾乎沒有出現過人身攻擊和謾罵的留言。

四、以我的臉書和我個人為人脈節點，形成許多人際關係圈子的交集和重疊。因此我的臉書朋友和我彼此都進入了許多新圈子，例如大學教授、民意代表、文藝創作、美食廚藝、時尚媒體、寵物食品、珠寶首飾等等，豐富了我的退休第二人生。

五、大眾傳播和媒體仍然具有極大的影響力。每當我接受網路或傳統媒體採訪之後，我接到的交友邀請就大量增加，必須花很多時間來處理。

這幾天我人在大陸，可是又接到了大量的交友邀請，於是我好奇地問了幾個朋友，究竟發生了什麼事。透過他們我才知道，原來是有人在TVBS的《國民大會》節目上談到了我。雖然節目裡提到了許多關於我的故事未必完全準確，可是提到的都是說我的好話，故事是否完全準確也沒有那麼重要了。讀者們可以透過下面的網址看到這段影片（相關部分從第二十八分六秒處開始）：http://bit.ly/2HqGXuE。†

＊編注：「鄉民」與「酸民」是隨著網路論壇與社群網站興起而出現的用語。鄉民一詞源於電影《九品芝麻官》的台詞：「我只是跟著鄉民進來看熱鬧而已。」因該片在批踢踢實業坊（台灣使用人口最多的網路討論空間之一，簡稱批踢踢或ＰＴＴ）頗受使用者推崇，因此批踢踢的使用者便以鄉民自稱，後來泛稱網路使用者為鄉民。鄉民一詞在電影中又有「跟著群眾起鬨」的意思，因此也可用作貶義。而喜歡發表刻薄言論、肆意批評、語帶諷刺的鄉民，則被稱為酸民。

†編注：也可掃描條碼觀看影片：

30 我的臉書社群研究（四）

網路社群的經營，一定要有目標、有方向、同時注重質與量，而不是只追求數量和流量而已。網路紅人更要了解自己的粉絲結構，真正靠得住的，其實只有親友團和粉絲團，圍觀和發酵的群體是不會發生太多作用的。

我二〇一五年十一月開始在臉書帳號上發表文章，一方面回顧總結四十多年職涯管理和輔導創新創業經驗，另一方面以臉書為平台，集合有志終身學習的優秀人才分享之。不到一年時間，我就成立了兩個個人臉書帳號（FB1和FB2）和原有的「T&F」粉絲專頁，總共三個帳號。

雖然我的文章都同步在三個帳號發表，但各自得到的按讚、分享、留言等讀者回應，在數量上卻有很大的差異。於是，我從二〇一七年八月開始研究我的臉書社群，並且陸續發表了三篇心得：

一、〈我的臉書社群研究（一）〉，主要是針對我的臉書社群架構與粉絲經濟的結構做比較。

二、〈我的臉書社群研究（二）〉，主要是解釋我文章的目標讀者群，並且把他們在臉書上大致的喜好和行為輪廓做了描述。

三、〈我的臉書社群研究（三）〉，主要是針對我文章因「軟硬定性」不同，造成讀者的回應有所差異，進行了一些分析。其中我也發現，網上讀者和「出版社認為的實體書本讀者」的喜好，其實有很大的不同。

建議讀者們可以先將這三篇社群研究文章閱讀一遍，當作本文的背景介紹。

調整社群結構的緣起

我在FB1上的朋友，大部分來自李開復、何飛鵬、黃欽勇、謝金河等網路大咖的社群，因為他們的粉絲和我的目標讀者群非常吻合。藉著這個機會，我也想對這幾位網路知識經濟前輩表達感謝之意。由於他們的轉貼分享，才能夠吸引到我心目中的目標讀者群。

在FB1朋友滿五千人之後，我再用同樣的「程天縱」這個名字開了第二個帳號FB2。或許我的名字在網路上已經小有名氣，再加上臉書演算法的推薦，吸引到大量原本並非我目標讀者群，而且來自各行各業的人士要求加我好友。

我在FB1帳號上，加朋友之前都會看一下對方的臉書頁面、了解他們的背景，大部分都符合我的目標用戶輪廓。有了FB1的成功經驗以後，我在FB2上就不再逐個審視，尤其在一篇新的文章發表之後，每天就會湧進幾十個好友邀請，而我就一股腦兒地都接受了。

雖然說讀者閱讀我的文章之後，未必都會按讚、分享或留言，但從統計學上來說，FB1和FB2兩個帳號的朋友人數都已經達到五千，從數量這麼大、理論上同質性也高的樣本中，統計結果的差異應該不會太大才是。但是，從最基本的按讚數來看，FB2往往不到FB1的四〇%。這個差異在統計學上來講，是非常「顯著」（significant）的，表示這兩個帳號的樣本在結構上有很大的差異，才會導致回應的結果非常不同。

長達一年的結構調整

二〇一七年八月開始，我花了兩個月時間整頓ＦＢ２朋友，刪除了三千個「明顯非我目標讀者群」的朋友。然後透過Messenger傳訊要求加我好友的人回覆，以便確認他們真的是要閱讀我的文章，同時也確認他們不是網路上騙取個資的假人或機器人。

這個方法確實不很理想。一方面要花我很多時間每一個帳號都去看一下，然後再用Messenger請他們回覆確認，之後才加他們為好友。另一方面，我這種做法可能會得罪很多人，至少在剛開始的前半年，大約有一半的人是不回覆我的。

有許多朋友是只用臉書，不用Messenger，因此他們就不會收到Messenger訊息，我就沒有機會加他們為朋友了。另外，有許多人或許認為我非常自大、沒有禮貌，他們主動加我為臉書好友，我卻有先決條件要求他們回覆，結果就是「已讀不回」，甚至還有更不客氣的，就直接回覆「請你不要加我」。

我對這些朋友感到非常抱歉，但是我沒有更好的辦法。我也自我安慰，那些已讀不回的，或許本來就不是我的目標讀者群。

結構調整後的結果

在長達一年的努力之後，* FB2在八月底又滿五千人了。這三千多位新加入的朋友，不見得都符合我的目標讀者輪廓，但全部是經過我用Messenger互動、逐個審查通過，確定是為了閱讀我的臉書文章而加朋友的。

在表30-1中，我為最近三篇透過臉書發表的文章做了按讚和分享數量的統計。†

八月十四日發表的〈金魚の糞〉與八月十七日的〈跌落寶座的自負王者：諾基亞的前世今生〉這兩篇文章，在FB1和FB2上的按讚數和分享數仍然有些許差距，但是已經不像一年前那麼大，大約在七五%左右。八月二十五日的〈「赤字接單，黑字出貨」報價策略〉一文，FB2更是一舉超過FB1許多，

表30-1：臉書文章按讚與分享統計（截至2018年8月30日）

		8/14 〈金魚の糞〉	8/17 〈跌落寶座的自負王者：諾基亞的前世今生〉	8/25 〈「赤字接單，黑字出貨」報價策略〉
FB1	按讚	1,845	1,436	1,115
	分享	293	413	367
	比率	16%	29%	33%
FB2	按讚	1,352	1,097	1,278
	分享	228	261	562
	比率	17%	24%	44%

按讚數和分享數分別是後者的一一五%與一五三%。

共同朋友

每一個新邀請我加為好友的人，我都會先到他的臉書頁面上看看，而首先看的就是「共同朋友」。

由於我有兩個臉書帳號，有些FB1的朋友以為我更改了帳號，所以又加我FB2為朋友。我都會親自回覆「兩個帳號內容大同小異，不必重複加這一個帳號」，然後將他刪除。

有許多朋友的臉書帳號隱密性設定很高，所以當我看他帳號的時候，看不到任何內容。此時我就改看共同朋友，如果共同朋友很多的話，那麼他一定也是我的目標讀者群。我越來越相信「物以類聚」和「志同道合」這兩句話，在最近兩三個月，我新加的朋友都是有許多共同朋友的。

---

* 編注：本文首次發表於二〇一八年九月三日。

† 編注：這三篇文章都收錄於《創客創業導師程天縱的專業力》一書中。

但是我也發現，如果共同朋友的數目超乎尋常地多，那麼很有可能這個人只是在網路上做生意、做電商、做網紅的。這種人不會讀我的文章或跟我互動，他們的目的只是單向推銷、拉流量。通常他們不會回覆我的Messenger訊息，有些即使回覆，也只是一個表情符號，最終還是會被我刪掉。

擴大能接觸到的行業圈子

最近一個星期，我接到許多交友邀請，而我跟許多這些「新朋友」之間都只有一個共同朋友，就是以「總體經濟」建立臉書社群、擁有超過一萬六千名追蹤者的吳嘉隆老師。由於他轉貼分享了我的〈「赤字接單，黑字出貨」報價策略〉一文，因此他的粉絲也紛紛加我。這個現象讓我了解到，其實我的臉書圈子仍然非常侷限在高科技和電子產業相關的領域。

我也發現，我的臉書朋友之中，有許多人從事的行業是我退休前接觸不到的。由於我的管理經驗是各行各業都通用，因此他們也成為我的臉書粉絲。除了傳統產業之外，比較有趣的是廣告、公關、寵物、烘焙、餐廳、廚師、演藝、文創、警消等等。於是我開始感覺到，除了高科技、電子之外，在退休之前所接觸的行業圈子真的是太少了。

於是，我透過不同行業的朋友安排聚餐或座談，來認識不同圈子的新朋友。這不僅擴大了我的讀者群，更讓我學習到很多新的行業知識。

分享

我從過去一年的經驗發現，要快速提高社群的「質」與「量」最有效的辦法，就是透過群友的分享。如果想讓社群快速成長——也就是在「量」的方面要增加——首先要提升社群的「質」。

社群一定要有一個核心人物，也就是一個社群領導者，他能夠定義社群的使命與願景，然後吸引具有共同價值觀的目標用戶群，並凝聚在社群之中。這樣的社群就是高品質的社群。

相信大家或多或少都聽過「六度分隔理論」（Six Degrees of Seperation）這個概念。已故的哈佛大學心理學教授史丹利・米爾格蘭（Stanley Milgram，一九三三至一九八四年）認為，「你和全世界任何一個人的間隔關係都不會超過六個人」，也就是說，最多只要透過六個人，你就可以連結到全世界任何一個人。根據最近的一個研究，透過網路、臉書、各種社群網路，現在已經進步到「四度分隔理論」了：現在你與全世界任何一個人的聯繫，只需要四個人就可以達成。

但是，許多研究都指出，臉書的普及造成了另外一個問題，是你真正的朋友越來越少。就如同對「目標市場」的廣告行銷一樣，必須同時提高「知名度」（awareness）和「優選度」（preference），否則，你即使可以聯繫到全世界的人，但是沒有一個真心朋友，那又有什麼用呢？

一個好的社群領導人，可以提出好的使命與願景（內容），一個高品質的社群（志同道合），群友就會願意「分享」。分享到不同的圈子，就可以讓社群達到「N度分隔理論」。沒有志同道合的社群，群友就不會有分享的意願。沒有分享，就達不到聯繫世界的目的。

請看表30-2和表30-3中，分享數占按讚數的比率統計。表30-3是二〇一七年七月底發表的系列軟性文章分析。比起硬性文章，本來分享數就比較偏低，再剔除掉七月二十七日高按讚和高分享的第一篇文章後，失去新鮮感的三篇文章分享比例都是個位數。從表30-3的統計數字中，也可以看見FB2和FB1的巨大落差。

從表30-2的統計數字可以看到，一月七日〈軟性管理書籍購買意願〉這則的時間短，但是按讚數卻比十二月二十六日講「海康威視」的〈要留意紅色供應鏈，也要關注中國龍頭企業的崛起〉的硬文來得高，但分享比率卻是大幅度地相反（由於〈猜猜哪個是我〉的統計時間不到一

表30-2：臉書文章按讚與分享統計（截至2018年1月11日）

		12/26	1/07	1/10
		〈要留意紅色供應鏈，也要關注中國龍頭企業的崛起〉	〈軟性管理書籍購買意願〉	〈猜猜哪個是我〉
FB1	按讚	1,141	1,728	481
	分享	177	20	4
	比率	16%	1%	1%
FB2	按讚	434	821	233
	分享	63	17	1
	比率	15%	2%	0%

表格數字取自〈我的臉書社群研究（三）〉

表30-3：臉書文章按讚與分享統計——2017年7月初出道系列文章

		7/27	7/30	8/04	8/09
		〈我邁入經理人生涯的第一步〉	〈小公司學到的業務游擊戰術〉	〈在海關學到的職場第一課〉	〈第一次跑業務，為自己敲開第一扇門〉
FB1	按讚	4,777	2,122	888	1,084
	分享	670	198	57	95
	比率	14%	9%	6%	9%
FB2	按讚	5,670	973	345	545
	分享	1,171	37	13	43
	比率	20%	4%	4%	8%

天，所以不具參考價值）。

表30-3所列的四篇文章，是在我調整ＦＢ２結構之前。而表30-2的三篇文章則是在剛開始調整、刪除了三千多名朋友之後所做的統計數字。跟表30-1的「分享比率」相較，可以看出兩點重要結論。

一、ＦＢ２和ＦＢ１的目標用戶群趨於一致，差距縮小。

二、由於兩個帳號的社群「質」與「量」都提高了（ＦＢ２在大調整的同時，ＦＢ１也做局部調整），因此體現在分享比率的大幅提升上。

我過去一年的努力總算沒有白費。我花時間在尋找、確認目標用戶，另外也親自在線上透過Messenger與臉書朋友互動，在線下與朋友們面對面聚會。我的心得是，**經營社群是一步一腳印的工作，沒有捷徑，也無法假手他人。**

結論

我在中國大陸除了微信T＆F社群之外，我也經營微博，目的就是希望我的文章能夠傳播更廣、幫助更多的讀者。在海峽兩岸擁有極高知名度、數千萬微博粉絲的青年導師李開復是我的好朋友，於是我請李開復在他的微博上轉載分享我的文章，以便吸引白領階層的目標讀者加我微博。但李開復回覆我：「微博上沒有多少白領了，都是九五後追網紅了。」聽到這一點，於是我就作罷了。

網路社群的經營，一定要有目標、有方向，同時注重質與量，而不是只追求數量和流量而已。網路紅人更要了解自己的粉絲結構，真正靠得住的，其實只有親友團和粉絲團，圍觀和發酵的群體是不會發生太多作用的。

無論是台大政治系教授Power錕、健身房的創業者館長、近日登記參選台北市松山信義區市議員的YouTuber網紅呱吉（邱威傑），還有透過網路社群販賣產品的類電商創業者，都必須花時間了解自己的真實粉絲結構，才不會膨脹自己，導致誤判。

而親友團、粉絲團是要花時間去經營的。**透過線上線下的互動，才能夠建立起扎實的社群，此時群友才會有分享的意願，而社群要透過分享才能發展茁壯。**

例如財務專家林明樟（MJ）老師、行動力先行者謝文憲（憲哥）、總體經濟的吳嘉隆老師、煙斗周、馬力歐等，都擁有強大的粉絲團，這才是真正的O2O（Online to Offline），*他們擁有的才是高品質的社群！

* 編注：O2O（Online to Offline）原指透過網路的力量進行推廣，再藉由行銷活動或購買行為將消費者引導到實體通路，例如消費者可在網路上購買，在實體門市取得商品或服務。後來延伸為指稱「整合實體商務與電子商務」的各種作為，亦即不再只是「從線上到線下」，也能「從線下到線上」（Offline to Online），將實體通路的顧客再引導回網路上，讓線上與線下形成迴圈，互相增強。

31 我的臉書社群研究（五）

在這個「社群研究」的系列文章中，我說明了對臉書文章按讚、分享的研究方式，以及與粉絲互動的觀察心得。在這篇文章，則提供了背後的理論基礎：以粉絲互動作為資料來源，透過「全面品質管理」和「品管圈」的方法來將經營粉絲團的結果最佳化。

我在這一系列的「社群研究」文章裡，一再強調我經營臉書社群的目的，是要把我過去幾十年管理實務、輔導創業團隊的經驗，透過文章的形式來分享給我的臉書朋友們。

用「全面品質管理」改善經營社群的效果

上一篇文章〈我的臉書社群研究（四）〉貼出之後，許多朋友留言說我很有研究精神。其實我不僅是研究，也是在使用全面品質管理（total quality management，下稱TQM）中的「品管圈」（quality control circle, QCC）手法，來進行實驗和改善。TQM理論認為，所有的事情都可以「流程化」，透過在流程中設置「流程績效指標」（process performance measure），就有機會達到改善流程的目的。

我使用的流程績效指標就是臉書提供的功能：按讚數、分享數，以及留言數。同時，我也延伸使用了「分享比率」，就是「分享數除以按讚數」。透過這些指標，希望可以看出我的文章受歡迎的程度。

至於文章的點閱數，臉書並沒有提供這個功能。但是我的文章都先經過「吐納商業評論」網站的編輯，然後再轉貼到我的帳號，所以「吐納商業評論」網站可以提供文章的點閱數。我在這系列前面的幾篇文章中，並沒有使用這個指標，因為大部分的臉書社群經營者都沒有自己經營網站，所以拿不到這個點閱數。

尋找目標用戶的流程

在臉書上經營社群時，自己可以掌握的，最主要就是「選擇目標用戶」這個流程。而首先要取得的則是目標用戶的輪廓資料（profile）。因為我使用臉書的經驗很短，所以只能把它當成一個試錯（try and error）的過程，慢慢找出目標用戶的明顯樣貌。

大部分使用者都把臉書當成一種社交工具，分享生活中的點點滴滴，於是美食、旅遊、風景、嗜好、興趣、信仰、宗教、政治，和相關的影音、文章等等，就成了主要的分享內容。而我的目標用戶，可以是「正在創業」或是「正在就業」的人，可以是職場新鮮人、專業經理人，也可以是企業老闆或已經退休的人。但是他們都有一個共同點，就是「希望終身學習」，他們不僅把臉書當作社交工具，更當作是學習平台。

我自己不做廣告，而且為了保有隱私，也盡可能避免自己在媒體上曝光。唯一能吸引目標用戶的方法，就是在臉書跟朋友們分享自己的文章。於是，每當收到交友邀請的時候，我就必須判別對方是受到我的文章吸引而來的目標用戶，還是透過臉書的建議看到我，或者是騷擾式的交友邀請，甚至會不會是假人或機器人來騙取個資？

剛開始的時候，我會點開每個交友邀請的帳號、瀏覽內容，判斷是否符合我的目標用戶輪廓，再決定是否接受。經過一段時間以後，發覺這樣做太浪費時間，於是我開始使用Messenger來詢問交友邀請者，是否為了閱讀我的臉書文章才發出交友邀請。在對方回覆之後，我才加為朋友。我發覺這個方法確實有效，而且提高了我的「臉書朋友」和「目標用戶」

的吻合率，而這些也都反映在我第二個臉書帳號FB2的按讚數、留言數和分享數等績效指標的提升上。

產品及其組合的改善

除了提高臉書朋友中的目標用戶比率之外，我還使用了品管圈的手法來改善產品（臉書文章），例如前面幾篇文章中提到的「軟性」、「硬性」內容等等。此外，我也嘗試增加產品組合（product portfolio），例如偶爾穿插生活點滴和演講、簽書會、輔導創業團隊、臉友聚會等活動的花絮照片及報導，最近我也開始使用搭配背景色彩的型態來發表極短篇的感想。

如果把我的帳號當成一個「黑箱」，或是一部生產設備，那麼這個黑箱就是我的產品（文章）與產品組合（活動花絮）的組合。黑箱的進料（input）就是我的朋友和追蹤者。黑箱內部的主要增值流程，就是對我的管理經驗與文章內容的吸引和吸收。而黑箱的產出則是知識更豐富、經驗更成熟的目標用戶。

透過上述的績效指標和無數的試錯，我得到了以下的結論：

一、進料的品質越高，產出的效率及良率越高。進料的品質就是「目標用戶占朋友及追蹤者的比率」。由於時間關係，我只能控制臉書朋友，沒有辦法顧及追蹤者。

二、產品的品質越符合目標用戶的需求，按讚數和分享數就越高。

三、產品組合的增加與優化結果，才能吸引、留住目標用戶，並提高他們參與社群的程度。

錯誤的迷思

在打掉、重建ＦＢ２的朋友之前，我從臉書文章的績效指標中曾經得到兩個結論。我當時認為：

一、我的臉書朋友比較喜歡「未經網站專業編輯」的直接貼文。因為直接看我的貼文，感覺上文章比較短，而且可以省去點閱的動作。

二、我的臉書朋友比較不喜歡閱讀太複雜、太專業的文章，因此軟性題材文章的按讚數和留言數都比較高。

在上個月（二〇一八年八月）中旬，對於FB2朋友結構的大調整、FB1的小調整接近完成，於是我大膽將構思已久的兩篇文章寫了出來，經過「吐納商業評論」主編傅瑞德的編輯之後，發表在臉書帳號上。刊登之後的結果，完全顛覆了我先前的認知。

八月十七日的〈跌落寶座的自負王者：諾基亞的前世今生〉，是內容非常長的一篇文章，而八月二十五日的〈「赤字接單，黑字出貨」報價策略〉則是非常專業也非常複雜的一篇文章。結果這兩篇文章的按讚數、留言數、分享數和分享比率都創了新高，證明我之前的兩個看法完全是錯誤的迷思，而主要的原因就在於兩個帳號中目標用戶的比率大幅增加了。

連續改善

從九月開始，我的臉書帳號進入連續改善（continuous improvement）模式。透過「生日通知」的功能，我每天瀏覽當天生日朋友的臉書帳號，並透過Messenger和動態時報留言祝福他們生日快樂，順便交流互動，同時也藉這個機會將殭屍帳號或非目標用戶的人刪了。

對於符合目標用戶輪廓、但是沒有互動的人（例如對我的Messenger留言已讀不回，過去半年或一年沒有分享過我的文章），我也只好刪除，以便騰出位子來給新增的目標用戶。希望這些被我刪除的朋友，還是能夠主動繼續追蹤我的帳號。

令我非常欣慰的是，許多朋友閱讀了我前一篇〈我的臉書社群研究（四）〉以後，主動用Messenger告訴我，雖然他們不是我的目標用戶群，但是他們仍然希望追蹤我的帳號和文章，所以請我把他們刪除。

粉絲經濟

根據粉絲經濟的四個層次，我希望我的兩個臉書帳號的朋友，都屬於核心的親友團，或第二層的粉絲團。至於第三層的圍觀團，或是第四層的發酵團，則希望他們追蹤FB1或FB2帳號，或是成為粉絲頁的會員。

我希望我輔導過的創業團隊，多次參加過小範圍線下聚餐、聚會的人，以及在臉書上或Messenger私下多次與我討論交流的朋友，都能夠加入我的親友團。往後經常在我的文章按讚、留言、轉貼分享，並且在可能的情況下盡量參加我的公開活動。我也希望，參加過我的公開演講、尾牙、簽書會、讀書會、座談會，擁有我的親筆簽名書的朋友們，都能夠加入我的粉絲團，並且成為我的臉書朋友。

希望我的臉書文章能夠成為各位的最佳學習平台，豐富大家的管理知識或創業經驗，不論是在創業或就業的道路上，都能夠加速各位的成長。

終極指標

在臉書上經營垂直細分社群方面，各位建立粉絲經濟的朋友們，不論是為個人或是為公司推廣產品，我這一系列文章可以供你們參考，但或許並不是最好的範例。我花了很多時間和臉書朋友們透過Messenger互動，但在過程中發現，仍然有許多朋友還沒有買我寫的兩本書。

再仔細想想，我的兩個帳號和T&F粉絲頁的朋友和追蹤者，總數接近五萬人。而已經出版的兩本書之中，第一本《創客創業導師程天縱的經營學》賣出超過一萬本，第二本《創客創業導師程天縱的管理力》至今不到一年，也有近萬本的成績。*

但如果扣除企業或線下活動大量採購的部分，我估計臉書社群的轉換率是一〇%到一五%左右。或許這表示，我在臉書經營上還有許多改善的空間，也有很多試錯和實驗需要繼續進行。雖然如此，但這也讓我的社群經營和研究更加有趣了。

我的臉書經營經驗只有短短的三年，前兩年又犯了許多錯，走過很多冤枉路。想請教經營臉書社群用來產品推廣和銷售的前輩們，這樣的轉換率相較於業界平均值，是低還是高？可以如何再提升？希望各位前輩給我一些指導，謝謝大家！

＊編注：本文首次發表於二〇一八年九月十日，作者的第三本著作《創客創業導師程天縱的專業力》則於二〇一八年十二月上市。

後記
活在當下，成就自我

一沙一世界，一花一天堂；
無限掌中置，剎那成永恆。

威廉・布萊克（William Blake）是十八世紀末、十九世紀初的英國詩人，活著的時候沒人知道，直到二十世紀初才受到注目。他的作品中最出名的就是下面這四行詩：

To see a world in a grain of sand
And a heaven in a wild flower,
Hold infinity in the palm of your hand
And eternity in an hour.

這四句詩的中譯版本不下三四十種，而我最喜歡的，就是開頭這個徐志摩的譯本。但是，這幾行詩在歐美並不是那麼有名，也往往並不被視為布萊克的代表作。只有中國人才特別迷戀這幾句詩，也許是因為這首詩跟《華嚴經》中「佛土生五色莖，一花一世界，一葉一如來」的佛教思想相近。

這首詩有許多不同的解讀方式，而我自己的想法是：如果一粒沙、一朵花都有各自的世界與天堂，那麼每個人都更應該有自己獨特的一生。這樣短短不到百年的一生中，**每一個人都有自己的想法、自己的追求、自己的成就，獨一無二。**這也呼應著我在本書序文中提到的：「一樣米養百樣人，一色人講百色話。」

由於每個人都有自己的獨特性，所以即使閱讀同一本書、受同樣的教育、做同樣的事，都會產生不同的結果。如果讀讀名人傳記、企業成功故事，就能夠創業成功、成為名人，那麼，今天的世界應該會有完全不同的樣貌。

在最近的美國之行中，我參加了三兒Jimmy在南加大（University of Southern California）的碩士畢業典禮，之後待在二兒Johnny洛杉磯的家中。在加州大學爾灣分校（University of California, Irvine）就讀的四兒Andy也來共度週末，享受難得的天倫之樂。

一日午睡醒來，見Jimmy獨坐客廳，問他在做什麼？他說他在冥想。由於他將於七月初赴西雅圖亞馬遜總部就職，因此對於亞馬遜的發展歷程做足了功課。不僅對創辦人貝佐斯的發跡故事爛熟於胸，對亞馬遜的價值觀與企業文化更是深入了解。因此，他的回答令我非常吃驚，他在想著的是：「上班以後的『敵人』是誰，應該如何應付？」

Jimmy上網遍讀了有關亞馬遜和貝佐斯的文章，包括每年股東大會時貝佐斯致股東的信。Jimmy認為，亞馬遜的成功關鍵在於對外以「滿足顧客欲望」（customer obsession）為價值觀，對內則實行「不人道」的菁英管理，於是形成了「天使與魔鬼並存」的企業文化。亞馬遜鼓勵內部競爭、末位淘汰，加上貝佐斯對員工的十四條期望之一是「節儉」（frugality），所以比起其他互聯網企業，對員工顯得很苛刻，也因此在業界的名聲不是很正面。

在跟Jimmy談話的過程中，我發現他非常崇拜貝佐斯，他也覺得在亞馬遜要成功，就必須奉行貝佐斯的價值觀和管理模式。因此，Jimmy擔心進入亞馬遜之後，會進入一個非常競爭的環境，會有許多「敵人」要打壓他，這時應該如何應付？

就業與創業不同

我問Jimmy：「大企業就像一個大金字塔，越高層的職位越少。你現在剛進入金字塔的最底層，擔任一個小螺絲釘，那麼你的目標是什麼？」Jimmy回答說：「努力往上爬。」

我說：「沒錯。但是，往上爬並不是靠打敗『敵人』，而是要靠兩股力量。首先是要主管提拔你，另外還要同事們的支持。如果你把同事們當『敵人』，那麼當主管提拔你時，同事們一定會拖你後腿，把你往下拉。」

我繼續說：「貝佐斯是亞馬遜的創辦人兼執行長，也是個成功的創業者，而你卻是一個最底層的就業者。你可以去了解亞馬遜的價值觀和文化，也可以去了解貝佐斯的策略和做法。但是，即使你照著貝佐斯的做法做，不但不會成為另一個貝佐斯，反而會讓你在亞馬遜無法生存下去。這就是就業者和創業者不同之處。」

為了讓Jimmy更加了解就業者和創業者的不同，我再講了一個故事，讓Jimmy知道兩者之間能夠得到的「成就」也不同，這就是「魚與熊掌不可兼得」的道理。話雖如此，世事總有例外，也有頂尖的人兩者皆得，但這種極端並不具代表性，我們談的是普羅大眾的平凡人。

故事是這樣的。在二〇〇〇年左右，我有一個自己創業成功的台商好朋友，在上海建造了一座工廠。在事業登上高峰之際，他希望找個中央領導人來為他的新工廠開幕剪綵。他知道我在北京擔任中國惠普總裁時，與江澤民總書記熟識（本書第二部分有提到），因此，他很認真地、不開玩笑，要我邀請江澤民總書記到上海來為他的新工廠剪綵。

我之所以有機緣與中南海的國家領導人熟識，並非我個人的關係，而是因為我當時代表名列全球知名高科技企業之一、美國首批進入中國大陸市場的美國惠普公司。雖然我的台商朋友也算創業有成的老闆，營收、獲利和上海工廠都頗具規模，但是比起歐美跨國企業仍有頗大的差距。

在這個台商朋友的小小世界裡，他是自己故事的主角，也算是功成名就，可謂白手起家「創業者」的成功典範。而我選擇了「就業者」這另一條不同的職場道路，如果走得順利，就會成為「專業經理人」。

許多成功的台灣創業者，雖然經營著中小企業，但是只要賺錢，甚至上市成功，個人身價就會遠超過專業經理人。而成功的專業經理人，雖然身價遠不及成功的創業者，但是代表著跨國企業，有機會參與許多令人稱羨的國際級大事與活動。選擇不同的路，就會有不同的成就，切忌「吃著碗內、望著碗外」，想著「魚與熊掌兼得」的美夢，導致自己仍有著「成功者的失落」。

當然，我很有技巧地婉拒了這位台商朋友的要求。

成就自我

由於每個人都有自己的獨特性，所以我在本書序文中就提到：「如果以一生來看，聖賢與凡人的差別並不大，也不過就是生死之間，成就有大有小，達到的時間有早有晚。」基於每個人的「三觀」不同，對於人生成就的定義和目標也就不盡相同，佛家說「人人皆可成佛」，也是同樣的道理。

世人並非只有就業者和創業者的簡單兩種分類。「一沙一世界，一花一天堂」，每顆沙子、每朵花，深入放大來看都不相同，每個世界、每個天堂也就不相同。世界上的每一個人都可以成就自我，不必學別人，也不必羨慕別人。

就拿最近流行的大陸《軍師聯盟》連續劇當作例子。剛開始看的時候，覺得司馬懿就是個「魯蛇」，在朝被曹操欺凌羞辱，回到家中又是個標準的「怕老婆」，實在一無是處。

看完全劇之後，我有了不同的體會。雖然司馬懿不如曹操的霸氣，也不如諸葛亮的謀略，但是最終司馬懿活得比他們都久。在歷經曹操、曹丕、曹叡、曹芳四代君主之後，奪取了曹魏政權。次子司馬昭稱晉王後，孫司馬炎稱帝建立了晉朝。看來司馬懿完全不是一個魯蛇，他在自己的一生中成就了自我。

但是，曹操和諸葛亮就變成魯蛇了嗎？也不見得。曹操成功地在他的有生之年挾天子以令諸侯，創立曹魏，成為三國時期最為人稱道的梟雄。他也在中國歷史上，被公認為東漢末年最傑出的政治家、軍事家、文學家、書法家之一，一生成就輝煌，這何嘗不是成就自我的典範？

至於諸葛亮，為知己者劉備鞠躬盡瘁、死而後已，何嘗不是求仁得仁？他們在各自的世界裡，有各自的目標和價值觀，也都圓滿達成，何嘗沒有成就自我？

活在當下，活出自我

二〇一二年六月底，我決定結束我的第二人生，開啟我的第三人生。剛開始的時候也非常徬徨，無所適從。很幸運地，我接觸到創客運動，開始有了輔導新創、分享傳承的念頭。二〇一三年，透過微信圈子，我建立了接近四萬人的T&F網路社群。二〇一五年年底，我在臉書上成立了接近五萬人的朋友和追蹤者社群。

從每個網路社群，我看到一個一個不同的小世界。每一個微信朋友、臉書朋友都是一個有趣的人生故事。我和這些朋友雖然都沒有見過面，但在筆談交流之後卻宛如老友，豐富了我的第三人生。本書第二部分中，收錄了我對臉書社群研究的六篇文章，各位讀者從中也多少可以體會我的生活態度和做事方法。

微信和臉書成為我觀察世界的一個透鏡（lens），再加上我獨特的「思考模式」，不僅豐富、更新了我的「三觀」，也讓我能與各種引領時代的新潮流保持同步。

朋友們看完這本書之後，再讀我已經出版的三本經營管理書籍，自當會有一番全新體會。

祝福讀者們：活在當下，活出自我！

新商業叢書 BW0713

每個人都可以成功

程天縱的31個見解，引領你建立自己的人生思路，活出精采職涯

國家圖書館出版品預行編目（CIP）資料

每個人都可以成功：程天縱的31個見解，引領你建立自己的人生思路，活出精采職涯／程天縱著. -- 初版. -- 臺北市：商周出版：家庭傳媒城邦分公司發行, 2019.06
面；　公分
ISBN 978-986-477-664-1（平裝）
1. 職場成功法　2. 自我實現
494.35　　108007200

作　　者／程天縱
編輯協力／傅瑞德
責任編輯／鄭凱達
企劃選書／陳美靜
版　　權／黃淑敏、翁靜如
行銷業務／莊英傑、周佑潔、王　瑜、黃崇華

總編輯／陳美靜
總經理／彭之琬
事業群總經理／黃淑貞
發行人／何飛鵬
法律顧問／台英國際商務法律事務所　羅明通律師
出　　版／商周出版
臺北市104民生東路二段141號9樓
電話：(02) 2500-7008　傳真：(02) 2500-7759
E-mail: bwp.service @ cite.com.tw
發　　行／英屬蓋曼群島商家庭傳媒股份有限公司　城邦分公司
臺北市104民生東路二段141號2樓
讀者服務專線：0800-020-299　24小時傳真服務：(02) 2517-0999
讀者服務信箱E-mail: cs@cite.com.tw
劃撥帳號：19833503　戶名：英屬蓋曼群島商家庭傳媒股份有限公司城邦分公司
訂購服務／書虫股份有限公司客服專線：(02) 2500-7718；2500-7719
服務時間：週一至週五上午09:30-12:00；下午13:30-17:00
24小時傳真專線：(02) 2500-1990；2500-1991
劃撥帳號：19863813　戶名：書虫股份有限公司
E-mail: service@readingclub.com.tw
香港發行所／城邦（香港）出版集團有限公司
香港灣仔駱克道193號東超商業中心1樓
電話：(852) 2508-6231　傳真：(852) 2578-9337
馬新發行所／城邦（馬新）出版集團
Cite (M) Sdn. Bhd.
41-3, Jalan Radin Anum, Bandar Baru Sri Petaling, 57000 Kuala Lumpur, Malaysia.
電話：(603) 9056-3833　傳真：(603) 9057-6622　讀者服務信箱：services@cite.my

封面設計／一瞬設計
印　　刷／鴻霖印刷傳媒股份有限公司
經銷商／聯合發行股份有限公司　電話：(02) 2917-8022　傳真：(02) 2911-0053
地址：新北市新店區寶橋路235巷6弄6號2樓

■2019年6月11日初版1刷
■2024年1月10日初版5.6刷
定價360元
ISBN 978-986-477-664-1
Printed in Taiwan

吐納商業評論
Tuna Business Review | TUNA.PLUS

城邦讀書花園
www.cite.com.tw